U0733972

前　言

　　提起"科学"，不少人可能会认为它是科学家的专利，普通人只能"可望而不可及"。其实，科学并不高深莫测，科学早已渗入到我们的日常生活，并无时无刻不在影响和改变着我们的生活。无论是仰望星空、俯视大地，还是近观我们周围事物，都处处可以发现有科学之原理蕴于其中。即使是一些司空见惯的现象，其中也往往蕴涵深奥的科学知识。科学史上的许多大发明大发现，也都是从微不足道的小现象中生发而来：牛顿从苹果落地撩起万有引力的神秘面纱；魏格纳从墙上地图揭示海陆分布的形成；阿基米德从洗澡时溢水现象中获得了研究浮力与密度问题的启发；瓦特从烧开水的水壶冒出的白雾中获得了改进蒸汽机性能的想象；而大名鼎鼎的科学家伽利略从观察吊灯的晃动，从而发现了钟摆的等时性……所以说，科学就在你我身边。一位哲人曾说："我们身边并不是缺少创新的事物，而是缺少发现可创新的眼睛。"只要我们具备了一双"慧眼"，就会发现在我们的生活中科学真是无处不在。然而，在课堂上，在书本上，科学不时被一大堆公式和符号所掩盖，难免让人觉得枯燥和乏味，科学的光芒被掩盖，有趣的科学失去了它应有的魅力。常言道，兴趣是最好的老师，只有培养起同学们对科学的兴趣，才能激发他们探索未知科学世界的热忱和勇气。

　　科学是人类进步的第一推动力，而科学知识的普及则是实现这一推动的必由之路。在新的时代，社会的进步、科技的发展、人们生活水平的不断提高，为我们青少年的科普教育提供了新的契机。抓住这个契机，大力普及科学知识，传播科学精神，提高青少年的科学素质，是我们全社会的重要课题。

　　《科学新导向丛书》内容包括浩瀚无涯的宇宙、多姿多彩的地球奥秘、日新月异的交通工具、稀奇古怪的生物世界、惊世震俗的科学技术、源远流长的建筑文化、威力惊人的军事武器……丛书将带领我们一起领略人类惊人的智慧，走进异彩纷呈的科学世界！

丛书采用通俗易懂的文字来表述科学，用精美逼真的图片来阐述原理，介绍大家最想知道的、最需要知道的科学知识。这套丛书理念先进，内容设计安排合理，读来引人入胜、诱人深思，尤其能培养科学探索的兴趣和科学探索能力，甚至在培养人文素质方面也是极为难得的中学生课外读物。

《科技：改变生活的节奏》一书从人类光彩夺目的发明宝库里精心挑选了一些代表性成果，用讲故事的方式将它们介绍给小读者，以使小读者在了解科学知识、原理的同时，也了解发明家艰辛的发明过程。伟大的发明改变人类生活，惊人的发现震撼整个世界，共同分享发明发现的智慧之光！

阅读本丛书，你会发现原来有趣的科学原理就在我们的身边；

阅读本丛书，你会发现学习科学、汲取知识原来也可以这样轻松！

今天，人类已经进入了新的知识经济时代。青少年朋友是 21 世纪的栋梁，是国家的未来、民族的希望，学好科学是时代赋予我们的神圣使命。我们希望这套丛书能够激发同学们学习科学的兴趣，消除对科学冷漠疏离的态度，树立起正确的科学观，为学好科学、用好科学打下坚实的基础！

科学新导向丛书

科技：
改变生活的节奏

姜忠喆◎编著

成都时代出版社

图书在版编目(CIP)数据

科技:改变生活的节奏/姜忠喆编著. —成都:
成都时代出版社,2013.8(2018.8重印)
(科学新导向丛书)
ISBN 978-7-5464-0913-9

Ⅰ.①科… Ⅱ.①姜… Ⅲ.①科学技术-青年读物②
科学技术-少年读物 Ⅳ.①N49

中国版本图书馆 CIP 数据核字(2013)第 140144 号

科技:改变生活的节奏
KEJI:GAIBIAN SHENGHUO DE JIEZOU
姜忠喆 编著

出 品 人 石碧川
责任编辑 于永玉
责任校对 蒋雪梅
装帧设计 映象视觉
责任印制 唐莹莹

出版发行 成都时代出版社
电 话 (028)86621237(编辑部)
 (028)86615250(发行部)
网 址 www.chengdusd.com
印 刷 北京一鑫印务有限责任公司
规 格 690mm×960mm 1/16
印 张 14
字 数 210 千
版 次 2013 年 8 月第 1 版
印 次 2018 年 8 月第 2 次印刷
书 号 ISBN 978-7-5464-0913-9
定 价 29.80 元

目　　录

第一章　改变生活的伟大发明

第二章　生活科技之最

第三章　技术发明趣事

第一章

改变生活的伟大发明

最大的发电风车

风是一种潜力很大的能源。也许有人还记得，18 世纪初，横扫英法两国的一次狂暴大风，摧毁了 400 多座磨坊、800 多座房屋、100 多座教堂、400 多条帆船，并有数千人受到伤害，25 万株大树被连根拔起。仅就拔树一事而论，风在数秒钟内就发出了 1 千万马力（即 750 万千瓦；1 马力等于 0.75 千瓦）的功率！

风力的利用，从古代就开始了。14 世纪荷兰人改造了风车结构，广泛用来排除沼泽的积水和灌溉莱茵河三角洲。到 19 世纪，风车的使用达到全盛时期，当时荷兰有风车 1 万多台，美国西部地区农村风车达 100 多万台。

20 世纪以来，由于内燃机和电子技术的广泛应用，轮船风行世界，依靠风力推动的帆船几乎被淘汰，古老的风车也一度变得暗淡无光。1973 年全世界能源危机发生以后，人们才认识到煤、石油等矿物燃料储量有限，终究会消耗殆尽，燃料燃烧会污染大气，使环境问题日益严重，于是，可再生而又无污染的风能，又以新的姿态进入了人类的生产和生活。

一般说来，风速为 3.4 ~ 5.4 米/秒的 3 级风就有利用价值。从经济合理的角度出发，风速大于 4 米/秒才适宜于发电。风力愈大，经济效益也愈大。科学家估计过，地球上可用来发电的风力资源约有

发电风车

100亿千瓦，是现在全世界水力发电量的10倍。目前全世界每年燃烧煤所获得的能量，只有风力在一年内提供的能量的1/3000。

1977年，联邦德国在有"风谷"之称的布隆坡特尔，建造了一座世界上最大的发电风车。风车高达150米，比美国"摩德2号"风力电站高出45米。塔顶的机房能以0.5米/秒的速度转动，根据风向调节风车的迎风面。当风速为6.3米/秒时，风车开始转动，风速达12米/秒时可发出3000千瓦的电。这个电站可供给250户住宅的各项用电。

1979年上半年，美国在北卡罗来纳州的蓝岭山上，又建成了一座发电用的风车。这个风车有10层楼高，风车钢叶片的直径60米。叶片安装在一个塔形建筑物上，因此风车可自由转动并从任何一个方向获得风力；风力时速在38千米以上时，发电能力也可达2000千瓦。由于这个丘陵地区平均风力时速只有29千米，因此风车不能全部运动。但是，即使全年只有一半时间运转，它也能够满足北卡罗来纳州7个县1%～2%的用电需要。

现在，在德国，每年风力提供的能量占全国所需能量的6%～8%。欧美许多国家正兴起采用风力机群联合发电的热潮。500千瓦的风力发电机开始进入市场。1994年初全世界风力发电机装机容量已达371万千瓦，而到1997年世界装机容量则猛增到1526万千瓦，其中以德国50万千瓦为最多。

最早的眼镜

发明眼镜的人应该获得一座雕像的荣誉，可惜没有谁能够确定，究竟是谁发明了眼镜。不过我们可以知道的是：从眼镜问世起，就已深植于社会史中，成为各国民俗、流行和骄傲的一部分。

最原始的眼镜是起源于透镜（放大镜），它的制造、应用与光学透镜的出现有密切的相关。现知最古老的透镜是在伊拉克的古城废墟中发现的。这块透镜用水晶石磨成。依此可推知，古老的巴比伦人至少在 2700 年以前便发现了一些透镜的放大功能。

相传，眼镜能使物体像放大的光学折射原理是在日常生活中偶然发现的。当时有人看到一滴松香树脂结晶体上恰巧有只蚊子被夹在其中，通过这松香晶体球，看到这只蚊子体形特大，由此启发了人们对光学折射的作用的认识，进而利用天然水晶琢磨成凸透镜，来放大微小物体，用以谋求解决人们视力上的困难。中国早在战国时期（2300 年前），《墨子》中已载有墨子很多有关光和对平面镜、凸面镜、凹面镜的论述。公元前 3 世纪时我国古人就通过透镜取火。东汉初年张衡借助于透镜发现了月亮的盈亏及月日食的初步原因。

中国最古老的眼镜是水晶或透明矿物质制作的圆形单片镜（即现在的放大镜），传说明代大文人祝枝山就曾用过这样的眼镜。明代开始到现在一直称为"眼镜"。马可·波罗在 1260 年写道："中国老人为了清晰地

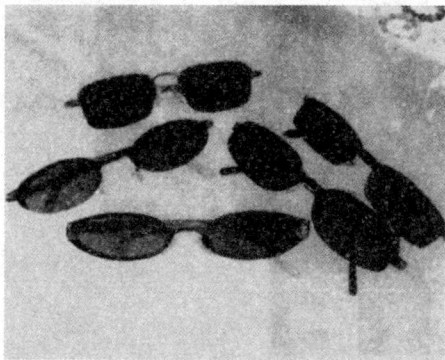

眼镜

阅读而戴着眼镜。"这证明，至少在这以前，中国人就知道眼镜并使其实用化。根据公元14世纪的记载，有些中国绅士，愿用一匹好马换一副眼镜。那时的眼镜，镜片多用水晶石、玫瑰石英或黄玉制成，为椭圆形，并以玳瑁装边。戴眼镜的方法也颇奇特，用形形色色的东西固定；有用紫铜架，架在两鬓角上；有用细绳缠绕在两耳上，或者干脆固定在帽子里。间或也有人用一根细绳拴上一块装饰性的小饰物，跨过两耳，垂于两肩。因为眼镜的原料加工不易，所以当时的人们与其说戴眼镜是为了保护视力，倒不如说是一种炫耀身份的装饰品。

将眼镜从中国引入欧洲的人，是13世纪一位意大利物理学家。但几乎过了一个世纪，那里才普遍使用眼镜。这期间他们苦于解决一个难题：如何舒服而长时间的戴眼镜？开始是诸如今日放大镜的东西，用透明的水晶石、绿宝石、紫石英等矿石磨成的透镜上做出框架，安上手柄，或安在手杖上，后来是用绳子系于胸前，逐步发展成长柄眼镜，后来出现了长柄双眼镜和夹鼻眼镜。夹鼻眼镜尤其适用于高鼻梁的罗马人及英国人。大文豪伏尔泰在作品中赞颂道："每样东西的存在都有其目的，而每样东西都是达到那个目的所不可或缺的。瞧那为眼镜而生的鼻子！因为它，我们才有了眼镜。"

1784年，美国的本杰明·富兰克林发明了双焦距眼镜，眼镜的声誉进一步得以提高。至于无形眼镜，则是1887年由德国人制造的。

最早的拉链

拉链的发明者是芝加哥机械工程师惠特考恩·加德森，为了制造一根可以使用的拉链，花了他 22 年的时间。1891 年，他制成第一根金属拉链，当时他将它叫做"抓锁"，由两根带齿的金属和一个拉头组成，当拉头扯动时，金属拉链就能封闭或开启，主要用在鞋子上。

1905 年，加德森改进了"抓锁"，将两根金属拉链固定在两根布条上，和今天使用的拉链已十分相似。这种拉链可以很容易地缝制到衣服上，代替纽扣。他将自己的杰作称为"居利提拉链"。

但是加德森的拉链有一个致命的缺陷：十分容易绷开。加德森为此绞尽脑汁，但怎么也找不到解决的办法。正在这时，好像上天有意派了个人来，

拉链

森贝克这位年轻的工程师恰巧来到加德森的工作室。森贝克对德森的发明十分感兴趣，经过仔细观察，他指出拉链容易绷开是因为齿之间的距离过大，只要缩小距离使金属齿一颗接一颗的紧挨着，就能使拉链咬得更牢固。在森贝克的帮助下，加德森终于制成非常坚固耐用的拉链。

但再好的发明，没有需要又有何用呢？无论制衣商还是家庭主妇，对加德森的发明都不屑一顾。于是，加德森只好把制成的拉链廉价卖给小贩。识货的人最终还是来了。由于当时的一起飞机失事事件，查明原因是飞行员衣服上的纽扣脱落造成的，因此美国海军决定飞行员的衣服不再使用纽扣，而改用拉链。美国海军向加德森订购了一万根拉链。从此，拉链大行其道。

第一次世界大战后，拉链才流传到日本。日本吉田工业公司是世界上最大的拉链制造公司。它每年的营业额达 25 亿美元，年产拉链 84 亿条，其长度相当于 190 万千米，足够绕地球到月球之间拉上两个半来回。吉田公司的创办人吉田吉雄也成了闻名遐迩的"世界拉链大王"。

最早的摩托车

摩托车也叫"机器脚踏车"，是德国人巴特列布·戴姆勒（1834—1900）在1885年发明的。当以煤炭为燃料的蒸汽汽车普遍行使在街头的时候，由于烟雾弥漫，时速不快等原因，已经由人开始试图利用其他燃料了。在奥托工厂任职的青年技术员戴姆勒决定研制一种小型而高效率的内燃机，毅然辞去工厂的职务，在另外组织的一个专门研制机构进行研制，终于在1883年获得成功，并于同年12月16日获得德意志帝国第28022号专利。1885年8月29日，戴姆勒巴经过改进的汽油引擎装到特制的两轮车上制成了世界上第一辆摩托车，并获得了专利。

当时的汽油发动机尚处于低级幼稚的状况，车辆制造尚为马车技术阶段，原始摩托车与现代摩托车在外形、结构和性能上有很大差别。原始摩托车的车架是木质的。从木纹上看，是木匠加工而成的。车轮也是木制的。车轮外层包有一层铁皮。车架中下方是一个方形木框，其上放置发动机，木框两侧各有一个小支承轮，其作用是静止时防止倾倒。因此，这辆车实际上是四轮着地。单缸风扇冷却的发动机，输出动力通过皮带和齿轮两级减速传动，驱动后轮前进。车座作成马鞍形，外面包一层皮革。其发动机汽缸工作容积为264毫升，最大功率0.37千瓦，仅为现代简易摩托车的1/5。它时速12千米，比步行快不了多少。由于当时没有弹簧等缓冲装置，此车被称为"震骨车"。可以想象，在19世纪的石条街道上行驶，简直比行刑还难受。尽管原始摩托车是那么简陋，但是从此摩托车才能不断变革，不断改进，才有了100多年的数亿辆现代摩托车的子孙。

第一辆由内燃机驱动的两轮车名叫"家因斯伯车"，这是1885年德国巴

摩托车

德—康斯塔特市的哥特利勃·戴姆勒制造的一种机动车，车架用木头制造。发动机为单缸 264 毫升四冲程，每分钟 700 转，最高车速为每小时 19 千米。出生于符腾堡王国（相当于今日德国的巴登—符腾堡邦之一部分）海尔布隆的勒文斯坦市的威廉·梅巴赫首次骑行该车。

19 世纪末至 20 世纪初，早期的摩托车由于采取了当时的新发明和新技术，诸如充气橡胶轮胎、滚珠轴承、离合器和变速器、前悬挂避震系统、弹簧车座等，才使得摩托车开始有了实用价值，在工厂批量生产，成为商品。

20 世纪 30 年代开始，随着科学技术的不断进步，摩托车生产又采用了后悬挂避凝震系统、机械式点火系统、鼓式机械制动装置、链条传动等，使摩托车又攀上了新台阶，摩托车逐步走向成熟，广泛应用于交通、竞赛以及军事方面。20 世纪 70 年代之后，摩托车生产又采用了电子点火技术、电启动、盘式制动器、流线型车体护板等，以及 90 年代的尾气净化技术、ABS 防抱死制动装置等，使摩托车成为造型美观、性能优越、使用方便、快速便捷的先进的机动车辆，成为当代地球文明的重要标志之一。尤其是大排量豪华型摩托车已经把当今汽车先进技术移植到摩托车上，使摩托车达到炉火纯青的境界。摩托车的发展进入了鼎盛阶段。

最早的降落伞

降落伞是利用空气阻力，使人或物从空中缓慢向下降落的一种器具。它是从杂技表演开始发展起来的，随着人类航空事业的发展，后来用作空中救生，进而用于空降作战。像火药一样，降落伞也是从中国传出的。

西汉时代史学家司马迁的《史记·五帝本纪》，记载了这样一件事：上古时代，古代圣王舜有次上到粮仓顶部，其父瞽叟从下面点起大火想烧死他，舜就利用两个斗笠从上面跳下，这是人类最早应用降落伞原理的记载。相传公元1306年前后，在元朝的一位皇帝登基大典中，宫廷里表演了这样一个节目：杂技艺人用纸质巨伞，从很高的墙上飞跃而下。由于利用了空气阻力的原理，艺人飘然落地，安全无恙。这可以说是最早的跳伞实践了。日本1944年出版的《落下伞》一书写到了这件事，书中介绍说："由北京归来的法国传教士发现如下文献，1306年皇帝即位大典中，杂技师用纸做的大伞，从高墙上跳下来，表演给大臣看。"1977年出版的《美国百科全书》中也写道："一些证据表明，早在1306年，中国的杂技演员们便使用过类似降落伞的装置。"这个跳伞杂技节目后来传到了东南亚的一些国家，不久又传到了欧洲。

18世纪30年代，随着气球的问世，为了保障浮空人员的安全，杂技场上的降落伞开始进入航空领域。当时有人制成一种绸质硬骨架的降落伞，以半张开状态放置在气球吊篮的外面，伞衣底下带有伞绳，系在人的身上，如果气球失事，即乘降落伞落地。这可能是最早用于航空活动的降落伞。

飞机问世后，为了飞行人员在飞机失事时救生，降落伞又有了进一步改进，1911年出现了能够将伞衣、伞绳等折叠包装起来放置在机舱内，适于飞行人员使用的降落伞，这种降落伞于1914年开始装备给轰炸机的空勤人员。

降落伞

以后，随着运输机的出现，降落伞得到进一步改进，逐步为军队大量广泛使用，从而产生了空降兵这一新的兵种，带来了空降作战这一新的作战样式。

第一个在空中利用降落伞的是法国飞船驾驶员布兰查德。1785年，他从停留在空中的气球上用降落伞吊一筐子，里面放一只狗，顺利地着地。1793年，他本人从气球上用降落伞下降，可是在着地时摔坏了腿。这一年他正式提出了从空中降落的报告。另一个飞行员加纳林，1797年10月22日在巴黎成功地从610米的高空降落，1802年9月21日，在伦敦从2438米的高空降落成功。1808年波兰的库帕连托从着火的气球上使用降落伞脱险。

最大的水车

水车是利用水能作为动力的一种工具，多采用木质，偶尔也会用金属制成。因为实轮状的，所以又叫"水轮"。

在国外，公元前 1 世纪已开始使用水车，以代替有畜力或奴隶承当的磨面工作。罗马帝国时期，百姓食用的面粉，就是由水车磨坊加

白水仙瀑景区的亚洲最大的水车

工的。到中世纪后期，水车的作用更大，不仅用于磨面、灌溉，还用于打铁、锯木和制革。

水车虽然使用了 2000 年，但人类并没有看重这个老朋友，而他还忠心耿耿地继续为人类服务。特别是在叙利亚，沿奥龙特斯河流域，有许多木质的巨大水车，是这一流域的一大风景。

马恩岛的"伊丽莎白女士"水车是世界上最大的水车，于 1850 年开始修建，1854 年完工，由工程师 Robert Casement 设计。它位于马恩岛东海岸，用于抽出附近铅矿的地下水。为纪念马恩岛总督夫人伊丽莎白，水车以她的名字命名，1954 年 9 月 27 日举行了启用仪式。

这台世界第一的水车不久就成为马恩岛的旅游景点之一。1929 年矿井关闭，水车依然保留下来，当地的地产商将之买下，1965 年马恩岛政府收购了这个水车，1991 年归属马恩岛遗产委员会管理。2003 年下半年，这个水车经过 6 个月的翻修和重新油漆，于 2004 年 9 月重新开放。

最早的火车

17 世纪初，法、德交界处的矿井就已开始使用马拉有轨货车。

早在 1769 年，游人就设计制造出了最原始的"火车"：它有三个轮子，前面有一个装满水的大圆球，不需要沿着轨道行驶。这种"火车"开起来不但慢，而且很难控制方向，当时还撞坏了一片城墙呢！

1781 年，瓦特制造的蒸汽机问世以后，首先应用于矿井内的排水泵或煤斗吊车上。与此同时，人们也在考虑如何把静置的蒸汽机搬到交通工具上，变成动态的机械。可是，蒸汽机小型化、使车轮在轨道上不打滑、汽缸的排气、锅炉的通风等问题都有待于进一步解决。

英国人理查德·特里维西克（1771—1833）经过多年的探索、研究，终于在 1804 年制造了一台单一汽缸和一个大飞轮的蒸汽机车，牵引 5 辆车厢，以时速 8 千米的速度行驶，这是在轨道上行驶的最早的机车。因为当时使用煤炭或木柴做燃料，就把它叫作"火车"了。

它由一个黑糊糊的火车头和一节装煤炭的车厢组成。火车头上装有蒸汽机，通过燃烧大量的煤炭来产生足够的蒸汽，推动火车前进。有趣的是，当时这台机车，没有设计驾驶座，驾驶员只好跟在车子旁，边走边驾驶。4 年后，他又制造了"看谁能捉住我"号机车，载人行驶。可是，由于轨道不能承受火车的重量，机车本身也存在不少问题，行驶时不很安全，在一次运行途中，

现代火车

机车出了轨，就停止使用了。

与此同时，史蒂文森也在积极改进火车的性能，并且取得了很大的进展。1814 年，他制造了一辆有两个汽缸、能牵引 30 吨货物可以爬坡的火车。于是，人们开始意识到，火车是一种很有前途的交通运输工具。然而，当时的马车业主们极力加以反对。1825 年，斯托克顿与达林顿之间开设了世界上第一

史蒂文森的火车

条营业铁路，史蒂文森制造的"运动号"列车运载旅客以时速 24 千米的速度行驶其间。尽管火车已经加入了运输的行列，但马车仍在铁路上行驶。

1829 年，曼彻斯特至利物浦间的铁路铺成后，举行了一次火车和马车的比赛，以决定采用火车还是马车，最后斯蒂芬森改进的"火箭号"获胜。"火箭号"长 6.4 米、重 7.5 吨，为了使火燃烧旺盛，装了 4.5 米高的烟囱。牵引乘坐 30 人的客车以平均时速 22 千米行驶，比当时的四套马车快两倍以上，充分显示了蒸汽机车的优越性。于是这条铁路就采用火车了。"火箭号"也成了第一辆真正使用的火车。从这以后，火车终于取代了有轨马车。后世的人们称他为"蒸汽机车之父"。

1879 年 5 月 31 日，柏林的工业博览会上展出了世界上第一台由外部供电的电力机车和第一条窄轨电气化铁路。这台"西门子"机车重量不到 1 吨，只有 954 公斤，车上装有 3 马力直流电动机。由于机车车身小，没有驾驶台，操纵杆和刹车都装在靠前轮的地方，所以司机只好骑在车头上驾驶。这台"不冒烟的"机车，引起了人们的极大兴趣。但是，电力机车正式进入运输的行列，是在 1881 年，于柏林郊外铺设的电气化轨道。现在，这辆电力机车陈列在慕尼黑德意志科技博物馆内。

第一台电子计算机

第二次世界大战期间，随着火炮的发展，弹道计算日益复杂，原有的一些计算机已不能满足使用要求，迫切需要有一种新的快速的计算工具。美国军方为了解决计算大量军用数据的难题，成立了由宾夕法尼亚大学莫奇利和埃克特领导的研究小组，开始研制世界上第一台电子计算机。在一些科学家、工程师的努力下，在当时电子技术已显示出具有记数、计算、传输、存储控制等功能的基础上，经过三年紧张的工作，1946 年 2 月 10 日，美国陆军军机械部和摩尔学院共同举行新闻发布会，宣布了第一台电子计算机"爱尼亚克"研制成功的消息。

"ENIAC"（埃历阿克），即"电子数值积分和计算机"的英文缩写。它采用穿孔卡输入输出数据，每分钟可以输入 125 张卡片，输出 100 张卡片。2月 15 日，又在学校休斯敦大会堂举行盛大的庆典，由美国国家科学院院长朱维特博士宣布"埃尼亚克"研制成功，然后一同去摩尔学院参观那台神奇的"电子脑袋"。

出现在人们面前的"埃尼亚克"不是一台机器，而是一屋子机器，密密麻麻的开关按钮，东缠西绕的各类导线，忽明忽暗的指示灯，人们仿佛来到一间控制室，它就是"爱尼亚克"。在其内部共安装了 17468 只电子管，7200个二极管，70000 多个电阻器，10000 多只电容器和 6000 只继电器，电路的焊接点多达 50 万个；在机器表面，则布满电表、电线和指示灯。机器被安装在一排 2.75 米高的金属柜里，占地面积为 170 平方米左右，总重量达到 30吨。这一庞然大物有 2.4 米高，0.9 米宽，30.48 米长。它的耗电量超过 174千瓦；电子管平均每隔 7 分钟就要被烧坏一只，埃克特必须不停更换。起初，军方的投资预算为 15 万美元，但事实上，连翻跟斗，总耗资达 48.6 万美元，合同前前后后修改过二十余次。尽管如此，ENIAC 的运算速度却也没令人们失望，能达到每秒钟 5000 次加法，可以在 3/1000 秒时间内做完两个 10 位数乘法。一条炮弹的轨迹，20 秒钟就能被它算完，比炮弹本身的飞行速度还要快。

第一台电子计算机

1946 年底，"埃尼亚克"分装启运，运往阿伯丁军械试验场的弹道实验室。开始了它的计算生涯，除了常规的弹道计算外，它后来还涉及诸多的领域，如天气预报、原子核能、宇宙结、热能点火、风洞试验设计等。其中最有意思的是，1949 年，经过 70 个小时的运算，它把圆周率 π 精确无误地推算到小数点后面 2037 位，这是人类第一次用自己的创造物计算出的最周密的值。

1955 年 10 月 2 日，"埃尼亚克"功德圆满，正式退休。它和现在的计算机相比，还不如一些高级袖珍计算器，但它自 1945 年正式建成以来，实际运行了 80223 个小时。这十年间，它的算术运算量比有史以来人类大脑所有运算量的总和还要来得多、来得大。它的面世也标志着电子计算机的创世，人类社会从此大步迈进了电脑时代的门槛，使得人类社会发生了巨大的变化。

1996 年 2 月 14 日，在世界上第一台电子计算机问世 50 周年之际，美国副总统戈尔再次启动了这台计算机，以纪念信息时代的到来。

最早的无线电广播

　　费森登，1866 年 10 月 6 日生于加拿大魁北克，祖先是新英格兰人，毕业于魁北克毕晓普学院，一生共获得 500 项专利，仅次于爱迪生而居世界第二位。在他对人类的诸多贡献中，最为突出的就是发明了无线电广播。

　　无线电广播的过程是：先在播音室把播音员说话的声音或演员歌唱的声音，变成相应的电信号，这种音频电信号由于频率低，不可能直接由天线发射出去，也不可能传得很远，因此，还得采用一种叫做"调制"的技术，把音频电信号转换到一个较高的频段，然后通过发射天线，以无线电波的形式发送到空间。如果你的收音机正好"调谐"到这个电台发送的频率上，这个电台的电波就会被你的收音机所接收。然后，通过一个叫"检波"的过程，"检"出广播信号所携带的音频信号，再经过"放大"等一系列处理，我们便可以从喇叭里听到广播电台所播放的声音了。

　　1900 年，在马可尼、波波夫发明无线电报的启发下，费森登教授萌发了用无线电波广泛传送人的声音和音乐的念头。他曾进行过一次演说广播，但声音极不清楚，未被重视。在西方金融家的支持下，1906 年圣诞节前夕晚上 8 点钟，他在纽约附近设立了世界上第一个广播站。在开播那天，播送了读圣经路加福音中的圣诞故事，小提琴演奏曲，和德国音乐家韩德尔所作的《舒缓曲》等。这个小广播站只有一千瓦功率，但它所广播的讲话和乐曲却清晰地被陆地和海上拥有无线电接收机的人所听到，这便是人类历史上第一次进行的正式的无线电广播。

　　不过，第一次成功的无线电广播，应该是 1902 年美国人内桑·史特波斐德在肯塔基州穆雷市所作的一次试验广播。史特波斐德只读过小学，他如饥似渴地自学电气方面的知识，后来成了发明家。1886年，他从杂志上看到德国人赫兹关于电波的谈话，从中得到了启发，试图应用到无线广播上。当时，电话的发明家贝尔也在思考这个问题，但他的着眼点在有线广播，而史特波斐德则着眼于无线广播。经过不断的研制，终于获得成果。他在附近的村庄里放置了5台接收机，又在穆雷广场放上话筒。一切准备工作就绪了，他却紧张得不知播送些什么才好，只得把儿子巴纳特叫来，让他在话筒前说话，吹奏口琴。试验成功了，巴纳特·史特波斐德因此而成为世界上第一个无线广播演员。

史特波斐德在穆雷市广播成功之后，又在费城进行了广播，获得华盛顿专利局的专利权。现在，肯塔基州立穆雷大学还树有"无线广播之父"的纪念碑。

不过，真正的广播事业是从1920年开始的。那年的6月15日，马可尼公司在英国举办了一次"无线电电话"音乐会，音乐会的乐声通过无线电波传遍英国本土，以至巴黎、意大利和希腊，为那里的无线电接收机所接收。同年，苏联、德国、美国也都进行了首次无线电广播，特别是美国威斯汀豪斯公司的KDKA广播站于11月2日首播，因播送的内容是有关总统选举的，曾经引起一时的轰动。广播很快便发展成为一种重要的信息媒体而受到各国的重视。特别是在第二次世界大战中，它成为各国军械库中的一种新式"武器"而发挥了十分重要的作用。

最大的风琴

要问世界上最大的乐器是哪一件？很多人都会回答是管风琴，答案是正确的。管风琴是风琴的一种，是乐器历史中构造最复杂，体积最庞大，造价最昂贵的乐器。正如奥地利作曲家莫扎特曾评价管风琴为"乐器之王"。不过，莫扎特并不是从乐器的功能和表现力来界定的，而是从它的体积和音量的大小来评价的。

管风琴是一种纯粹的宗教（基督教）乐器，一般和拥有它的教堂或歌剧院同时建造——因为管风琴的结构是直接依附在建筑结构之上。也因此，管风琴没有明确的规格限制，根据教堂或歌剧院本身的规模和经济实力来决定管风琴的大小。管风琴属于簧片类乐器中的自由簧乐器，演奏方法类似于其他的键盘乐器。音域极宽广，一般都使用数层的键盘，脚下还有脚踏键盘，由许多根的音栓来控制具体的音高，高音部以高音谱号记谱，低音部以低音谱号记谱，脚踏键盘部分以倍低音谱号记谱。管风琴的音量宏大，音色饱满，尤其适合在庄严的气氛中演奏严肃神圣的宗教音乐。罗曼·罗兰写克利斯朵夫第一次听到管风琴的声音，"一个寒噤从头到脚，像是受了一次洗礼"。

管风琴所在的教堂

管风琴从何而来？如何形成？这样基本的问题却是让人难以回答。虽是如此却有个浪漫的神话来填补这一个空缺。相传风琴源自"牧神所吹的笛子"，而这芦苇笛正是他所暗恋之人，也就是河神的女儿所变成的。原来河神的女儿想逃避牧神的追求，求父亲将自己变成芦苇，牧神在不知情之下割了芦苇编排成列吹奏，以慰思慕之情。就这样"牧神所吹的笛子"乐器被引申为风琴的始祖，其特征是由一组不同音调的芦笛（管笛）组成，由吹气产生声音。

公元前 3 世纪，由古希腊的亚历士山大城工程师克提西比奥所发明的水压控制风箱的风琴，可称为最早的风琴了。至罗马时代，风琴成为流行在贵族的娱乐乐器，巴赫时期造成管风琴高峰以后，一直到今天仍然是历久不衰，不论是管风琴的制造与乐曲上，巴赫仍然是风琴的佼佼者。

现今世界上最大的管风琴，在美国的新泽西州大西洋城的一个礼堂里。它制于 1930 年，当时造价高达 50 多万美元。这架管风琴共用了 33112 支发音风管，1477 个控制音调的音栓，设有 19 个音色区，共有 7 排键盘。这样巨大的管风琴，当然无法靠人力鼓风来演奏。因此，专门为它安装了一台 365 马力的鼓风机。由于风压太大，用简单的机械装置已不可能掀动键盘，后采用液压传动装置操作。如果在夜深人静的时候演奏，方圆几十里地以外都可以清晰地听到。

最早的高压锅

在烧瓶中盛半瓶水，用一只插有玻璃管和温度计的塞子塞紧瓶口，再用一段橡皮管把玻璃管和注射器连通（或者连接一个小气筒）。用酒精灯给烧瓶加热，从温度计上可看到，当温度接近100℃时，瓶里的水就开始沸腾。这时用力推压针筒活塞（或者压气筒活塞），增大瓶里的压强，就会看到虽然仍在加热，水的温度也略有升高，但是沸腾停止了。这说明，水的沸点随着压强的增大而升高了。"高压锅"就是根据这个原理制造的，它又叫压力锅，特点是烧东西时间短、味道好、易烧烂。

提起高压锅的发明还有一个很有意思的小故事呢。300多年前，一个法国青年医生帕平因故被迫逃往国外。有一天，他走到一座山峰附近，觉得饿了，就找了一些树枝，架起篝火，煮起土豆来。水滚开了几次，土豆依然不熟。几年后，他的生活有了转机，来到英国一家科研单位工作。阿尔卑斯山上的往事，他仍记忆犹新。物理学上的什么定律能够解释这个现象？水的沸点与大气压有什么关系？随后，他又设想：如果用人工的办法让气压加大，水的沸点就不会像在平地上只是摄氏100度，而是更高些，煮东西所花的时间或许会更少。可是，怎样才能提高气压呢？

帕平动手做了一个密闭容器，想利用加热的方法，让容器内的水蒸汽不断增加，又不散失，使容器内的气压增大，水的沸点也越来越高。可是，当他睁大眼睛盯着加热容器的时候，容器内发出咚咚的声响，他只好暂时停止试验。

又过了两年，帕平按自己的新想法绘制了一张密闭锅图纸，请技师帮着做。另外他又在锅体和锅盖之间加了一个橡皮垫，锅盖上方还钻了一个孔，这就解决了锅边漏气和锅内发声的问题。

1681年，帕平终于造出了世界上第一只压力锅——当时叫做"帕平锅"。这只高压锅做得十分坚固，锅盖是铁制的，分量很重，紧紧地盖在锅上。锅的外围罩了一层金属网，以防意外爆炸。锅本身有两层，中央摆有内锅，要煮的食物就放在内锅里。加热以后，蒸汽跑不出来，锅内气压升高，水的沸点也升高了，食物就熟得快了。帕平在访问英

高压锅

国的时候，曾用他的高压锅作了一次表演。据在场的人证实，在帕平的高压锅里，即使坚硬的骨头，也会变得像乳酪一样柔软。

今天，许多家庭都用上了"高压锅"，用这种锅做饭熟得快，很省时间。特别是在海拔高度很高的地区生活，煮饭必须用"高压锅"。因为高度越高，气压越低，水的沸点也降低。据测定在海拔6000米的地方，水的沸点只有80℃左右。在这里用普通锅是很难把饭煮熟的，所以，必须用高压锅来提高水的沸点。

最早的电子手表

电子手表是 20 世纪 50 年代才开始出现的新型计时器，它在温度 25℃ ~ 28℃时，一昼夜计时误差在一秒以内，即使当温度至 0℃以下或 50℃以上时，每昼夜也才会慢两秒钟。但 100 多年前我们经常使用的机械手表，由于受温度、气压、地球引力的影响，加上本身机械结构和装配过程中的误差，它的每日走时误差一般也有 3 秒 ~ 5 秒左右。由此可见，电子手表的发明在精确时间方面有着多么大的贡献。

1952 年，英国发明了电动表，用化学电池作能源，代替机械表中的发条。由于化学电池的能量较稳定，走时的精确度就得到了提高。但由于电池的电能是通过机械接点传给摆轮的，而机械接点开关次数多了很容易损坏，所以这种表未能得到推广。然而，它对传统机械手表的结构进行的变革、把手表与电挂上钩的做法却打开了人们的思路，促使电子手表应运而生。

最早的真正意义上的电子手表应是 1953 年由瑞士试制成功的音叉式电子手表。大家知道，只要把音叉轻轻一敲，音叉就会发生振动而发出一定频率的声音。音叉式电子手表就是利用这个特性制成的。它用一个小音叉和晶体三极管无接点开关电路组成音叉振荡系统，来代替摆轮游丝振动系统。音叉的振动频率为每秒 300 赫兹，所以这种表走动时听不到嘀嗒声而只发出轻微的嗡嗡声，音叉振荡系统产生的时间信号推动秒针、分针、时针转动以指示时间。这种表走时误差每天稳定在 2 秒以内。1960 年美国布洛瓦公司最早开始出售"阿克屈隆"牌音叉电子手表。

1963 年，瑞士研制成功摆轮式电子手表。它与电动手表不同的地方是用晶体管、电阻等元件组成无接点开关电路，来代替易损坏的机械接点。由于这种手表不用发条，齿轮系统受力小，磨损较少，因而使用寿命较长，走时精度比电动手表略高。这种手表于 1967 年投放市场后，曾在欧洲流行一时。

1969 年 12 月，日本精工舍公司推出了 35SQ 型电子手表。这是世界上最早的石英电子手表，这种

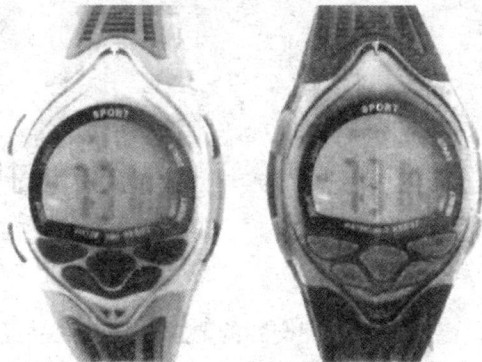

精美的电子手表

手表以石英的固有振荡频率为走时基准，通过电子线路，控制一台微型电机带动指针，很多性能指标都超过了机械手表，因此很受顾客欢迎。

随着人类科技的发展，最终形成了一种全新的时计。数字显示电子手表采用发光二极管或者液晶为显示元件，直接以数字表示时间。整个手表由石英晶体、集成电路、显示屏以及电池构成，没有任何走动元件，所以又被称为"全电子手表"。它走时比指针式石英电子手表更精确，结构比指针式石英电子手表更简单，还具有特别良好的防磁、防震性能。世界上最早的全电子手表是美国汉弥尔顿公司在 1972 年开始出售的波沙牌数字显示电子手表。

第一封电报

通信是人们交际的要求，随着商品经济的发展，这种要求越来越迫切了。

18 世纪中期就有人尝试用电进行通信。1753 年摩立逊和 1774 年勒沙格都曾有多根导线在一端用静电机供电，使另一端吸动纸片或出现火花以传递信息。不过传送的距离太短了。1753 年 2 月 17 日，爱丁堡的《苏格兰人》杂志收到一封署名为 C. M. 的人写的信。信中建议把一组 26 根金属线互相平行，水平地从一个地方延伸到另一个地方。金属线一端接在静电机上，在远处的一端接一个球，代表一个英文字母。球的下面挂着写有这个字母的纸片。发报时哪一条线接通电流，对方的小球便把纸片吸了起来。这就是最早的关于用电进行通信的设想。

1793 年，法国查佩兄弟俩在巴黎和里尔之间架设了一条 230 千米长的接

军用电报机

力方式传送信息的托架式线路。据说两兄弟是第一个使用"电报"这个词的人。1809 年德国索莫林（1755—1830）进行了类似的实验，仍需用 20 多条导线，而且速度太慢。在奥斯特发现电流生磁之后，安培首先提出可以利用电流使磁针摆动以传递信息。1829 年俄国希林格（1786—1837）制成用磁针显示的电报机，用 6 根线传送信号，一根线传送开始时的呼叫，还有一根供电流返回的公共导线。6 个磁针指示的组合表达不同的信息。

最早实用的电报机是 1837 年英国的科克（1806—1879）和惠司通（Charles Wheatstone 1802—1877）制成的双针电报机，并实际应用在利物浦的铁路线上为火车的运行服务。俄国的雅可比（1801—1874）发明了电磁式电报记录仪，改变由人直接观察磁针摆动的接收方式，增加了收报的可靠性。但这些电报机有一个共同的致命弱点：都只能传送电流的"有"或"无"两个信息，如果用多根导线不仅太复杂了，而且线路的成本也太高，难于应用。

人类史上发行成功的第一封电报诞生于 1844 年，是由美国科学家塞约尔·莫尔斯应用自制的电磁式电报机，通过 65 千米长的电报线路而拍发的。

莫尔斯原来是一个画家。在从法国到纽约的旅途中的邮船"萨丽"号上，他听了一位医生向旅伴们介绍奥斯特电流生磁和安培关于电报的设想的讲演，产生了很大兴趣，下决心研究电报。下船时，他对船长说："先生，不久你就可以见到神奇的'电报'啦，请记住，它是在您的'萨丽'号上发明的！"

根据电磁感应原理，莫尔斯试用电路的启闭来发送和记录信号。他在设计电报机的同时，按照电路中脉冲信号的产生和消失，构思了圆点、横划和空白的电报符号，把这三种符号组合起来，就可以表示需要传递的信息。后来这一特定的点划组合成为电讯上普遍采用的莫尔斯电码。

1837 年，莫尔斯在精通机械知识的艾尔弗雷德·维尔的帮助下，试制出第一架电磁式电报机。利用电磁感应原理来操纵顶端装有记录头的控制棒，当电流脉冲通过电路时，引起了控制棒运动，就会使记录头触及纸带从而在纸带上有顺序地留下符号图形。收、发电码的电报机终于诞生了。

莫尔斯带着电报机四处奔走，企图说服企业家进行投资，而得到的回答

莫尔斯

不是冷淡就是讥笑。他的机器确实也比较粗糙，传递信息的距离不过十几米远。不过这些没有使他丧失信心。他忍饥挨饿不断改进自己的机器。这时有一个青年机械师盖尔自愿做他的助手，他们反复试验，通过增加电池组、加大电磁铁的线匝，使通信距离逐渐增大。他们完成最后的试验时，已经是第一台机器诞生四年之后了。通信技术的进步是生产发展中的社会需要。一天，他突然收到参议院的通知，国会重新讨论了修建电报线路的拨款提案，终于获得通过。

1844年，世界上第一条商用电报线路建成并正式通报了。

　　1845年5月24日，莫尔斯在国会大厦最高法院会议室，首次通过这条电报线，传出圆点和横划的符号，向正在巴尔的摩的艾尔弗雷德·维尔拍发了世界上第一封电报。尽管这份电报只传送了65公里之远，但它成功地开创了长距离通讯联系的新时代。第一封电报的内容是圣经的诗句："上帝行了何等的大事。"作为一个虔诚的基督徒，莫尔斯很谦卑，正如诗人所说的："耶和华阿，荣耀不要归予我们，不要归予我们，要因你的慈爱和诚实归在你的名下。"

最大的照相机

照相机是利用凸透镜成像原理制成的。其主要部件有：镜头、暗箱以及放置胶片的支架。镜头相当于一个凸透镜，是由多个透镜组成的：胶片相当于实验中的一个屏。一般地，物体都处于两倍焦距以外，因此在胶片上得到一个倒立缩小的实像。被摄物体与镜头的距离改变时，可利用暗箱的伸缩或其他装置来改变镜头与胶片的距离，使胶片上的像清晰。35 毫米照相机是目前最普及的机种。你能想象一台照相机能像 1/3 个足球场那么大吗？没错，世界上最大的针孔照相机 115 机库就有那么大。

这架相机是一个巨大的机库，曾经停放战斗机美国加利福尼亚州尔湾原埃尔托洛海军陆战队空军基地。如果你走进巨大的 115 机库，马上就会被铺天盖地的黑暗淹没，只有墙上一个口香糖球大小的洞透出一束细细的光。然后，正对着小洞的墙上，会慢慢出现一幅上下颠倒的图像——摇摇欲坠的机场塔台，近乎被杂草淹没的跑道，海边山丘上成丛的棕榈树。这里曾经停放

普通照相机

着威风八面的战斗机，现在，这个机库已经成了世界上最大的相机，准备开拍世界上最大的照片。它就是一个巨大的针孔照相机，成像原理，就是已有数百年应用历史的"照相暗盒"技术。

负责拍照的 6 个摄影师在机库的金属门上钻了个直径 1.9 厘米的小孔，然后把墙和屋顶都用黑塑料布以及泡沫封起来，把房顶椽与椽之间能透进阳光的缝隙补好，以保证只能从门上的小孔透进光。底片 3 层楼高的白棉布至于"底片"，他们订购了一块巨大的白色细棉布，宽 10 米，挂起来相当于三层楼那么高，长 33.8 米。整块布铺开来，差不多有 1/3 个足球场大。然后，他们往布上涂黑白底片用的感光乳剂，用去了 75.8 升才涂满布面。这块布从屋顶悬下，覆盖住正对着门的那堵墙，充当"底片"。摄影师们开玩笑说，他们也在制造世界上最大的一次性照相机，因为一旦工作结束，这个机库会被拆掉。冲印定做了一个游泳池为了让图像足够清晰，必须要有至少 10 天的曝光时间，这期间相机的快门要一直开着。然后，白布会被送到诺顿空军基地的一个机库里，在一个巨大的塑料"浴桶"里冲洗。这个桶是向一个专做便携式游泳池的公司定做的，预计冲洗将用去 758 升的黑白显影液，以及 2274 升的定影液。

《吉尼斯世界纪录》已经为这项工程创建了两个新的条目：世界上最大的相机和世界上最大的照片。这个雄心勃勃的巨照项目是"遗产工程"的一部分。遗产工程是一个非营利性项目，希望能完整地记录下埃尔托洛基地的原貌以及其后的变迁过程。

埃尔托洛基地在使用 50 多年后，于 1999 年退役。军队撤走后，留下了 20.2 万亩的土地。经过激烈竞争，来自迈阿密的勒纳尔公司买下了这片土地，开始开发，当时的建设规划里包括一个 1.5 万亩的公园，还有博物馆、运动场、无数的郊区房屋。这么大面积土地上的变迁，是这个地区历史的重要部分。所以从 2002 年开始，遗产工程就一直以拍照的形式进行记录，迄今这 6 名摄影师已经拍了 8 万多张照片。次年，他们决定在记录历史的同时也创造历史。

只是，还有一个大问题：那时要把这张巨照挂到哪里呢？

最早的柴油机

在科学史上，人们总是会对那种无心插柳却一举成功的故事津津乐道，比如伦琴射线、青霉素、宇宙微波背景辐射等等。当然能有上述的成就固然很好，但还有一种同样可敬的人：他们在有生之年不断探索，但成就却不被世人承认，直到多年之后他们的成就才发扬光大。柴油机的发明者鲁道夫·狄赛尔就是这样的一个典型的人。

狄赛尔，1858 年出生在法国巴黎。就在他读大学期间的 1876 年，德国人奥托研制成功了第一台 4 冲程煤气发动机，这是法国技师罗夏内燃机理论第一次得到实际运用。这一成就鼓舞了当时从事机械动力研究的许多工程师，这其中就有对机器动力十分有兴趣的年轻人狄赛尔。

1769 年，英国人詹姆斯·瓦特对原始蒸汽机作了一系列的重大改进，取得了蒸汽机的发明专利。19 世纪末，蒸汽机已在工业上得到广泛的应用。但是，狄赛尔却看到了蒸汽机的笨重、低效率等缺陷，并开始研制高效率的内燃机。经过精心的研究，他终于在 1892 年首次提出压缩点火方式内燃机的原始设计。

狄赛尔没有料到，他的想法实现起来远远比发明点火系统困难得多，他所遇到的第一个困难就是燃料问题。狄赛尔创造性把他的目标指向了植物油。经过一系列试验，对于植物油的尝试也失败了，但他是第一个把植物油料引入内燃机的人，因而近现代鼓吹"绿色燃料"

柴油机

柴油机

者都把狄赛尔尊为鼻祖。

最终燃料选择锁定在了石油裂解产物中一直未被重视的柴油上。柴油稳定的特性适合于压燃式内燃机，在压缩比非常高的情况下柴油也不会出现爆震，这正是狄赛尔所需要的。经过近 20 年的潜心研究，狄赛尔成功地制造出了世界上第一台试验柴油机（缸径 15 厘米、行程 40 厘米）。实验室首先由工厂总传动带拖动，等运转稳定后放入燃料，柴油机顿时发出震耳欲聋的轰轰声转动起来。1892 年 2 月 27 日，狄赛尔取得了此项技术的专利。1896 年，狄赛尔又制造出第二台试验柴油机，到次年进行试验，其效率达到 26%，这便是世界上第一台等压加热的柴油机。

柴油机的最大特点是省油，热效率高，但狄赛尔最初试制的柴油机却很不稳定，狄赛尔却迫不及待地把它投入了商业生产，结果他急于推向市场的 20 台柴油机由于技术不过关，纷纷遭到了退货。没有了资金来源又负债累累，使得狄赛尔的晚年陷入了极端贫困。1913 年 10 月 29 日，55 岁的狄赛尔独自一人呆站在横渡英吉利海峡的轮船甲板上，被巨浪卷入了大海（多数历史学家认为狄赛尔是跳海自尽的）。为了纪念狄赛尔，人们把柴油发动机命名为 Diesel。

客观地讲，狄赛尔的柴油机确实存在着不少缺陷，其中最大的问题就是重量。由于柴油机汽缸压力比汽油机高很多，因而柴油机的缸体要比汽油机粗壮许多，同时早期的柴油机为压缩空气使用的空气压缩机质量也非常巨大，这就使得柴油机整体上十分笨重，极不适应当时骨架还很娇小的汽车。1924 年，美国的康明斯公司正式采用了泵喷油器，这一发明有效地降低了柴油机的质量，同年在柏林汽车展览上 MAN 公司展示了一台装备柴油机的卡车，这是第一台装有柴油机的汽车。1936 年，奔驰公司生产出了第一台柴油机轿车 260D，这时狄赛尔去世已有 23 年。

最早的自行车

自行车被发明及使用到现在已有两百年的历史，自行车究竟在哪个年代、由谁发明的却很少有人知道。

最早用链条带动后轮（不必用脚蹬地）的设想的提出者，据说是意大利文艺复兴时期的艺术大师达·芬奇。他所绘制的草图至今在意大利达·芬奇博物馆，这幅图中的设计相当巧妙，说明这位天才的这一设想与今天自行车所依据的科学原理基本上相同。据传说，达·芬奇本人曾试制出并自己乘过他所设计的自行车。但也有人以为达·芬奇只不过有过这种设想，把他的想象加以具体化，绘制成设计图，并不是他本人而是他的徒弟，事实究竟如何，有待史学家进一步考证。

18 世纪末，法国人西夫拉克发明了最早的自行车。这辆最早的自行车是木制的，其结构比较简单，既没有驱动装置，也没有转向装置，骑车人靠双脚用力蹬地前行，改变方向时也只能下车搬动车子。即使这样，当西夫拉克骑着这辆自行车到公园兜风时，在场的人也都颇为惊异和赞叹。1817 年，德国男爵卡尔杜莱斯制造出有把手的脚踢木马自行车，他在车子前轮上装了一个方向把手，成为第一辆真正实用型的自行车。

1818 年，英国的铁匠及机械师丹尼士·强生率先以铁造取代了木头材质，以铁造取代了车轮的骨架，接着他又在伦敦创办了两所学校以训练人们学习及骑乘自行车。后来英国人就

最早的自行车

二战中德军骑的自行车

把这台有趣的车子叫作 Hobby Hors，这台铁制的车由技术好、有经验的人骑乘时速可以达到 13 公里。

1839 年，苏格兰人麦克米伦将"木马"改造成前轮小、后轮大的双轮车，车轮是木制的，外面包以铁皮，前轮装有脚踏和曲柄连杆，用以带动后轮，车头装有车柄，可以转换方向，坐垫较低，但不必脚着地，可以用双脚蹬脚踏来驱动，史学家认为这是有史以来第一辆可以蹬的自行车。麦克米伦这一改变，在自行车发展史上，固然有很重要的地位，但他生前包括身后很长一段时期，这种新式自行车都未能引起注意。1889 年，德尔泽将他依照麦克米伦的创造而复制的样品在伦敦一次车辆展览会上展出，从而使德尔泽赢得了"安全自选车发明人"的荣誉。直到 1892 年，麦克米伦的贡献才被当时社会所承认。

1861 年，法国的娃娃制造商 Michanx 发明了前轮驱动的自行车，在前轮轴上直接加上踏板，靠着这台自行车可以骑遍整个欧洲。1867 年 Michanx 成立公司并开始大量制造。1869 年，法国人又发明了链条来驱动后轮，到此时的自行车算是完整的版型。

1888 年，一位住在爱尔兰的兽医邓禄普发明了橡皮充气轮胎，这是自行车发展史上非常重要的发明，它不但解决了自行车多年来最令人难受的震动问题，同时更把自行车的速度又推进了许多。其实之前也有人发明过橡皮轮胎，但因为那个年代橡胶的价格非常昂贵，所以未被广泛使用。从此，自行车开始在世界各国大行其道。

有一点可能是很多人不知道的。自行车曾被用于作战，主要是用以代替马匹。据考证，首先将自行车用于军事的是 1899 年——1902 年间的英国与南非布尔人的战争，其次便是 1904 年——1905 年在中国进行的日俄之战。

最早的电视

如今电视机已进入千家万户，成为人们生活中不可缺少的一部分。电视到底是谁研究发明的呢？现在人们也很难说清。一说是苏格兰人贝尔德，一说是美籍俄国人弗拉基米尔·兹沃利，一说英国人约翰·洛奇·伯德，还有人说是美国达荷州 16 岁的孩子非拉·法斯威士发明，总之电视的发明倾注了许多人的心血。

最早对电视的研制发生兴趣的人是意大利血统的神父，叫卡塞利。他由于创造了用电报线路传输图像的方法而在法国出了名。但他对电视的发明只开了个头。他只能用电报线路传输手写的书信和图画，电报线路上的其他信息干扰了他的图像，常常会使被传输的图像变成散乱的小点和短线。

1908 年，英国人德韦尔给《自然》科学杂志写信时谈到了他自己设计的电视装置。这封信使苏格兰血统的电气工程师坎贝尔·斯温登非常感兴趣。他开始想办法用一根线路传输所有的信息。1911 年，他获得了电视系列基础的专利。但坎贝尔·斯温登在世时，并没有发明出相应的电视装置。

俄罗斯彼得格勒理工学院的波里斯·罗生教授在 1907 年制造出了自己的电视装置。他用了一台跟若干年前在德国研制出的机械发射机相类似的机器作为发射器，接收机是阴极射线示波器，这个装置仅能勉强看到显像管屏幕上的图

电视机

像，很不清晰。但他的这个实验却强烈吸引了他的一个学生，那就是现在大百科全书中记载的电视发明人弗拉迪米尔·兹沃利金。他研究出关于获得电视信号最好方法的结论与其老师相同，但却避免了发生器方面的错误。1923年，他获得了利用储存原理的电视摄像管的专利。1928年兹沃利金的新的电视摄像机研制成功。

与此同时，美国犹他州的年仅15岁的高中生非拉·法斯威士，在1921年向他的老师提出了电子电视的概念，但是，法恩斯沃思在6年后才制成能传送电子影像的析像器。法恩斯沃思的析像器与佐里金的光电摄像管虽然设计上有差别，但在概念上却很相近，由此引发了一场有关专利权的纠纷。美国无线电公司认为，佐里金优先于法恩斯沃思于1923年就为其发明申请了专利，但却拿不出一件实际的证据。而法恩斯沃思的老师拿着法恩斯沃思的析像器的设计图纸，为非拉·法斯威士作证。经过多年不懈的努力和坎坷，法斯威士终于获得成功。美国专利局在30年后认定他才是电视机的主要专利的有者。1957年，面对4000万名电视观众，他宣布："我14岁时发明了电视。"1971年，《纽时报》称他为世界上最伟大、最具魅力的专家之一。

后来，法斯威士虽然继续研究电视技术，但由于身体欠佳，使研究的范围越来越窄，未取得更大的成就。而美国无线电公司开始大量生产电视机，获得了丰厚的利润，他们把佐里金和时任美国无线电公司总裁的大卫·萨尔诺夫推举为"电视之父"。

最早的洗衣机

今天，对于许多人来说没有洗衣机的生活是难以想象的。但几千年来，人们都是用手来在水里搓、用棒槌砸或搅。聪明人发明了搓衣板，更聪明的人把衣服放在水桶里，放上很原始的洗涤剂，如碱土、锅灰水、皂角水等，用棒搅拌也能洗干净衣服。在海上，海员们则把衣服拖在船尾上，让海水冲去衣服上的污垢。后来有人发明了手动洗衣机，即把需要洗涤的衣物放到一个盛着水的木盒子里，用一个手柄不断翻转木盒子里的衣物，也可以把衣物洗干净。

1677年，科学家胡克记录了关于洗衣机的一项早期发明：霍斯金斯爵士的洗衣方法是把亚麻织品放在一个袋子里，袋子的一端固定，另一端用一个轮子和一个圆筒来回拧。用这种方法洗高级亚麻织品可以不损坏纤维。1776年，人们发明了洗衣机的雏形，借助外力来洗衣服。19世纪中叶，以机械模拟手工洗衣动作进行洗涤的尝试取得了可喜的进展。1858年，一个叫汉密尔顿·史密斯的美国人在匹茨堡制成了世界上第一台洗衣机。该洗衣机的主件是一只圆桶，桶内装有一根带有桨状叶子的直轴。轴是通过摇动和它相连的曲柄转动的。同年史密斯取得了这台洗衣机的专利权。但这台洗衣机使用费力，且损伤衣服，因而没被广泛使用，但这却标志了用机器洗衣的开始。次年在德国出现了一种用捣衣杵作为搅拌器的洗衣机，当捣衣杵上下运动时，装有弹簧的木钉便连续作用于衣服。19世纪末期的洗衣机已发展到一只用手柄转动的八角形洗衣缸，洗衣时缸内放入热肥皂水，衣服洗净后，由轧液装置把衣服挤干。

1884年，一个名叫莫顿的人获得了蒸汽洗衣机的专利。他的专利证书上

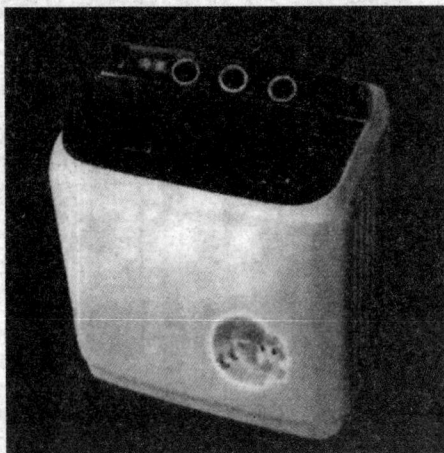

洗衣机

是这样介绍他发明的洗衣机：即便是一个小孩，在一刻钟内也能洗6条被单，而且比其他洗衣机洗得更白。再后来有人用汽油发动机替代蒸汽机带动洗衣机。

而真正现代意义上的洗衣机的诞生要等到电动机发明之后。第一台电动洗衣机由阿尔几·费希尔于1910年在芝加哥制成。除了手柄被一个电动机取代了之外，洗衣机别的部分都与用手工转动的洗衣机相同。这是一种真正节省劳力的设计。但这种电动洗衣机进入市场后，销路不佳。

洗衣机真正被人们接受，是在第一次世界大战之后。1922年，霍华德·斯奈德发明了一种搅动式电动洗衣机，并在衣阿华州批量生产。该洗衣机因性能大有改善，开始风靡市场。第二年德国厂商也生产了一种用煤炉加热的洗衣机。这种洗衣机有一只开有小孔的容器，衣服放入后，由电动机带动和容器相连的轴，使容器不断顺逆转动。

第二次世界大战前夕，美国开始大批量生产立缸式洗衣机。洗涤缸内装有涡轮喷洗头或立轴式搅拌旋翼。20世纪30年代中期，美国本得克斯航空公司下属的一家子公司制成了世界上第一台集洗涤、漂洗和脱水于一身的多功能洗衣机，靠一根水平的轴带动的缸可容纳4000克衣服。衣服在注满水的缸内不停地上下翻滚，使之去污除垢，并使用定时器控制洗涤时间，使用起来更为方便，1937年投放市场后大受欢迎，一下子就卖了30多万台。20世纪60年代，滚筒式洗衣机问世。高效合成洗涤剂和强力去垢剂的出现大大促进了家用洗衣机的发展。

最早的空调机

美国总统格菲尔德 1881 年 3 月当选，7 月在华盛顿车站遭到枪击。虽说不是致命伤，但因子弹深入到脊椎处，伤势很重，生命岌岌可危，必须立即动手术取出子弹。格菲尔德的住院开刀，却戏剧性的促使了空调机的出现。

华盛顿的夏天是闷热的，尤其是这一年，出现了历史上罕见的高温。病床上的总统虚弱极了。虽然总统夫人在一旁一刻不停的用扇子给他扇风，但在这样的高温下也无济于事，总统夫人提出必须降低室温的要求。于是，这个任务就落到了一个叫多西德矿山技术人员的身上。他懂得在矿山上如何向坑道内送气的技术。经过多次试验，他终于成功地将室内的温度从 30 摄氏度降到 25 摄氏度左右。多西根据空气压缩会放热，而压缩后的空气恢复到常态会吸收热量的原理，经过反复试验，终于在总统病房安装了一台压缩空气的空调机，结果使室温降了 7 摄氏度，于是世界上第一台空调机诞生了。

其实，真正意义上的空调却出自美国发明家威尔士·卡里尔之手。多西发明的空调机虽然使空气的温度降了下来，却仍旧潮湿。如何才能使空气干燥呢？排暖公司的机械工程师卡里尔一直思考着这个问题。雾气笼罩的火车站激发了他的灵感：含有饱和水分的"潮湿"空气实际上是干燥的。所谓雾气就是空气接近百分之百的温度时其饱和的状态。如果让空气处于饱和状态，同时控制空气饱和时的温

空调机

度，就能获得一种可以定量控制其温度的空气。1902 年，他安装了具有历史意义的温度"调节器"，从而取得了空调机的专利。这种空调机首先安装于纽约的一家印刷厂里。1906 年，卡里尔的"空气处理仪"获得了专利，他对空调机作了进一步改进，经过改进的空调机开始为纺织厂采用，从而逐渐推广。

20 世纪 30 年代末，卡里尔的"导管式空气控制系统"取得了突破，高楼大厦不仅安装上了空调，而且不需要占用宝贵的办公空间。但由于家庭空调太昂贵，又不可靠，卡里尔投资家庭空调这一领域的市场时，没有获得成功。20 世纪 50 年代，美国另外两家公司——通有电器和西屋，实现了卡里尔"家装空调"的设想，使小型空调机开始进入千家万户，成了深受酷暑煎熬的人们的宠物。

最早的家用电冰箱

　　电冰箱主要用来冷藏肉、蛋、水果、蔬菜等易变质的食物；此外，还通常作科研、医学、商业等有关方面进行冷藏物品用。电冰箱作为一种冷藏、冷冻贮存食品的容器，它就具有一定的贮藏空间、制冷系统、控制温度系统和保持箱内温度的四种基本功能。电冰箱按制冷方式不同可分为电机压缩式（简称压缩式）、吸收式、电磁振荡式和半导体式等数种；按箱门形式可分为单门电冰箱（直冷式）、双温双门电冰箱（冷藏和冷冻）以及多门电冰箱。家用电冰箱的容积一般在50立升到300立升之间。电冰箱冷冻室的温度等级一般分为一星 -6℃以下、二星 -12℃以下和三星 -18℃以下。

　　最早的人工制冷专利是1790年登记的。几年后，有人相继发明了手摇压缩机和冷水循环冷冻法，为制冷系统奠定了基础。1820年，人工制冷试验首次获得成功。1834年，美国工程师雅各布·帕金斯发明了世界上第一台压缩式制冷装置，这是现代压缩式制冷系统的雏形。同年，帕金斯获得英国颁布的第一个冷冻器专利。

　　1913年，美国芝加哥研制了世界上最早的家用电冰箱。这种名叫"杜美尔"牌的电冰箱外壳是木制的，里

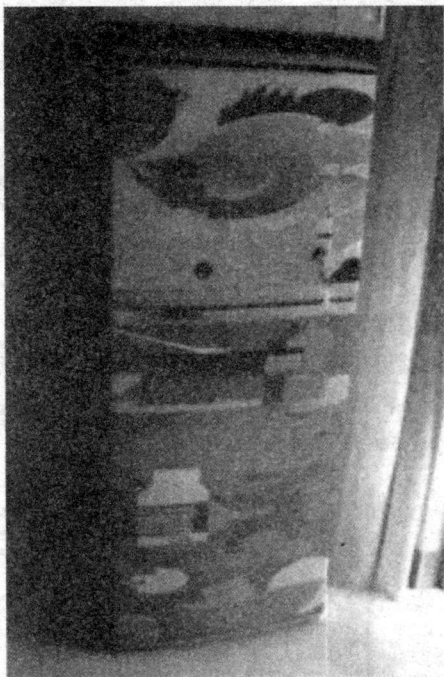

家用电冰箱

面安装了压缩制冷系统，但使用效果并不理想。1918 年，美国 KE—LVZNA-TOR 公司的科伯兰特工程师设计制造了世界上第一台机械制冷式的家用自动电冰箱。这种电冰箱粗陋笨重，外壳是木制的，绝缘材料用的是海藻和木屑的混合物，压缩机采用水冷，噪声很大。但是，它的诞生宣告了家用电冰箱的发展进入了新阶段。

美国人纳撒尼尔韦尔斯设计出一种"开尔文纳特"牌电冰箱，并于 1918 年开始大批量商业化生产。一年以后，"弗里吉戴尔"牌电冰箱进入市场。

1921 年瑞典人蒙特斯和冯·普拉滕设计出了实用的低噪音电冰箱，并首次获得专利。1929 年，他们又研制出了空冷式冷凝器。1931 年，斯德哥尔摩的"高级家用电器公司"和美国的"塞维尔公司"开始了这种电冰箱的工业化生产。

1926 年，美国"通用电气公司"研制出了密封性能良好的家用电冰箱；1939 年，又推出了第一台双温电冰箱，这种冰箱有一个冻结室，可以保存冷冻食品。

最早的微波炉

微波是一种频率非常高的电磁波，通常指 300～30000 兆赫兹的电磁波。微波炉是一种利用电磁波来烹饪食品的厨房器具。微波炉最早被称为"雷达炉"，原因是微波炉的发明来自雷达装置的启迪，后来正名为微波炉。

用微波炉煮饭，当微波辐射到食品上时，食品中总是含有一定量的水分，而水是由极性分子（分子的正负电荷中心，即使在外电场不存在时也是不重合的）组成的，这种极性分子的取向将随微波场而变动。由于食品中水的极性分子的这种运动。以及相邻分子间的相互作用，产生了类似摩擦的现象，使水温升高，因此，食品的温度也就上升了。用微波加热的食品，因其内部也同时被加热，整个物体受热均匀，升温速度也快。

微波炉的发明彻底改变了现代人的饮食习惯和烹饪方式，但是这种攸关民生的科技产品，居然跟战争有着密不可分的关系。因为微波炉的原理是在第二次世界大战时军事的原因而被发明出来的。德国潜艇屡屡偷袭盟军船舰，令盟军束手无策，为了反制德国舰艇，盟军急需一种波长较短的雷达，来侦搜神出鬼没的德国潜艇。1940 年，英国的两位发明家约翰·兰德尔和布特设计了一个叫做"磁控管"的器材部件。后来这种磁控管就被商人运用在微波炉上面，也就造成了现在微波炉的盛行。

微波炉的面世主要应归功于佩西·利·巴龙·斯宾塞，他 1921 年生于美国亚特兰大城。当时，由于英德处于决战阶段，德国飞机对英伦三岛狂轰滥

微波炉

炸,"磁控管"无法在英国国内生产,只好寻求与美国合作。1940年9月,英国科学家带着磁控管样品访问美国雷声公司时,与才华横溢的斯本塞一见如故,相见恨晚。在他努力下,英国和雷声公司共同研究制造的磁控管获得成功。

1945年的一天,斯宾塞正在做雷达起振实验的时候,上衣口袋处突然渗出暗黑色的"血迹"。同事们慌忙地对他说:"您受伤了,胸部流血了!"斯宾塞用手一摸,胸部果然湿乎乎的。他一下子紧张起来,但稍一思索后,他立刻明白了,这只不过是一场虚惊:原来是放在口袋里的巧克力融化了。

巧克力为什么会融化呢?他抓住了这一现象进行了认真的分析。"难道是微波起的作用?"于是他就用微波对各种食品进行实验,发现某些波长的电磁波的确能引起食物发热。这更坚定了他的微波能使物体发热的论点。雷声公司受斯宾塞实验的启发,决定与他一同研制能用微波热量烹饪的炉子。几个星期后,一台简易的炉子制成了。斯宾塞用姜饼做试验。他先把姜饼切成片,然后放在炉内烹饪。在烹饪时他屡次变化磁控管的功率以选择最适宜的温度。经过若干次试验,食品的香味飘满了整个房间。

1947年,雷声公司推出了第一台家用微波炉。可是这种微波炉成本高,寿命短,影响了微波炉的推广。1965年,乔治·福斯特对微波炉进行大胆改造,与斯宾塞一起设计了一种耐用、价格低廉的微波炉。1967年,微波炉新闻发布会兼展销会在芝加哥举行,获得了巨大成功。从此,微波炉逐渐走入了千家万户。由于用微波烹饪食物又快又方便,不仅味美,而且有特色,因此有人诙谐地称之为"妇女的解放者"。

最早的电灯

灯是人类征服黑夜的一大发明。在电灯问世以前，人们普遍使用的照明工具是煤油灯或煤气灯。这种灯因燃烧煤油或煤气，因此，有浓烈的黑烟和刺鼻的臭味，并且要经常添加燃料，擦洗灯罩，因而很不方便。更严重的是，这种灯很容易引起火灾，酿成大祸。多少年来，很多科学家想尽办法，想发明一种既安全又方便的电灯。

19世纪初，英国一位化学家用2000节电池和两根炭棒，制成世界上第一盏弧光灯。但这种光线太强，只能安装在街道或广场上，普通家庭无法使用。无数科学家为此绞尽脑汁，想制造一种价廉物美、经久耐用的家用电灯。

真正发明电灯使之大放光明的是美国发明家爱迪生。他是铁路工人的孩子，小学未读完就辍学，在火车上卖报度日。他异常勤奋，喜欢做各种实验，制作出许多巧妙机械。自从法拉第发明电机后，爱迪生就决心制造电灯，为人类带来光明。

爱迪生在认真总结了前人制造电灯的失败经验，把自己所能想到的各种耐热材料全部写下来，总共有1600种。接下来，他与助手们将这1600种耐热材料分门别类地开始试验，可试来试去，还是采用白金最为合适。由于改进了抽气方法，使玻璃泡内的真空程度更高，灯的寿命已延长到2个小时。但这种由白金为材料做成的灯，价格太昂贵了，谁愿意花这么多钱去买只能用2个小时的电灯呢。

经过冥思苦想，爱迪生用棉纱在炉火上烤了好长时间，使之变成了焦焦的炭。把这根炭丝装进玻璃泡里，一试验，效果果然很好，使灯泡的寿命一下子延长13个小时，后来又达到45小时。这个消息一传开，轰动了整个世界。使英国伦敦的煤气股票价格狂，煤气行也出现一片混乱。人们预感到，煤气灯即将成为历史，未来将是电光的时代。

大家纷纷向爱迪生祝贺，可爱迪生却一点也不高兴，摇头说道："不行，还得找其他材料！""怎么，亮了 45 个小时还不行？"助手吃惊地问道。"不行！我希望它能亮 1000 个小时，最好是 16000 个小时！"爱迪生答道。

爱迪生根据棉纱的性质，决定从植物纤维这方面去寻找新的材料，把炭化后的竹丝装进玻璃泡，通上电后，这种竹丝灯泡竟连续不断地亮了 1200 个小时！但爱迪生还是继续寻找认为最合适的竹子，最终找到日本出产的竹子最为耐用。与此同时，爱迪生又开设电厂，架设电线。过了不久，美国人民便用上这种价廉物美、经久耐用的竹丝灯泡。竹丝灯用了好多年。1906 年，爱迪生又改用钨丝，使灯泡的质量又得到提高，一直沿用到今天。

当人们点亮电灯时，总会想到这位伟大的发明家，是他，给黑暗带来无穷无尽的光明。1979 年，美国耗费了几百万美元，举行长达一年的活动，来纪念爱迪生发明电灯 100 周年。

最早的电话机

在当今社会，电话已经成为人们生活中不可缺少的一员，世界上大约有7.5亿电话用户，其中还包括1070万因特网用户分享着这个网络。写信进入了一个令人惊讶的复苏阶段，不过，这些信件也是通过这根细细的电话线来传送的。那么，是谁发明了世界上第一部电话呢？

欧洲对于远距离传送声音的研究，始于18世纪。在1796年，休斯提出了用话筒接力传送语音信息的办法。虽然这种方法不太切合实际，但他赐给这种通信方式一个名字——Telephone（电话），一直沿用至今。

1863年，德国教师赖斯用木头、香肠薄膜和金属片等原料做成了电话机，完全可以传送信息，尽管信号微弱、效率相对比较低，但是在电话里的声音很清晰。因此，可以断定，赖斯当年的那个简单装置就是世界上最早的电话机。

现在举世公认的"电话之父"是苏格兰人亚历山大·贝尔。贝尔22岁时被聘为美国波士顿大学的语言教授。有一天，贝尔在实验时，却意外地发现一个有趣的现象：当电流导通和截止时，螺旋线圈会发出噪声。这个细节一般人是不会留意的，贝尔却是有心人。他重复几次，结果都一样。贝尔茅塞顿开，一个大胆的设想在脑海中出现，"在讲话时，如果我能使电流强度的变化模拟声波的变化，那么用电传送语言不就能实现了吗？"这个思想后来成了贝尔设计电话的理论基础。他

早期英商电话公司接线生

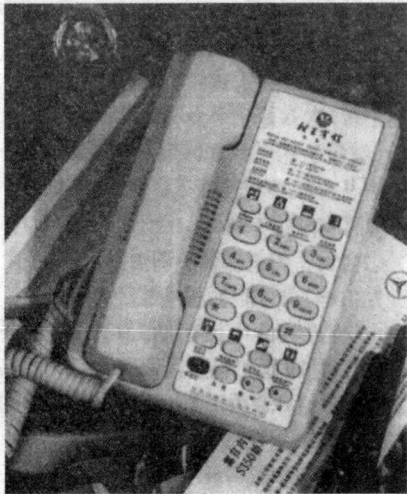

决计去求教当时大物理学家约瑟夫·亨利，亨利热情地支持他，说："贝尔，你有了一项了不起的发明理想，干吧!"

从这时开始，贝尔和他的助手沃森特就开始了设计电话的艰辛历程，两年过去了，无数次的试验都失败了。有一天，贝尔正在锁眉沉思时，隐隐传来一阵"吉他"的曲调，他侧耳凝神。听着，听着，豁然醒悟。原来，他们的送受话器灵敏度太低，所以声音微弱，难以辨别。"吉他"的共鸣启发了聪明的年轻

电话机

人。贝尔马上设计了一个助音箱的草图，一时找不到材料，就把床板拆了下来，连夜赶制，接着又改装机器。1875 年 6 月 2 日，最后测试的时刻到了，沃森特在紧闭了门窗的另一房间把耳朵贴在音箱上准备接听，贝尔在最后操作时不小心把硫酸溅到了自己的腿上，他疼痛地叫了起来："沃森特先生，快来帮我啊!"没有想到，这句话通过他实验中的电话传到了在另一个房间工作的沃森特先生的耳朵里。这句极普通的话，也就成为人类第一句通过电话传送的话音而记入史册。1875 年 6 月 2 日，也被人们作为发明电话的伟大日子而加以纪念，而这个地方——美国波士顿法院路 109 号也因此载入史册，至今它的门口仍钉着块铜牌，上面镌有："1875 年 6 月 2 日电话诞生在此。"

1876 年 3 月 7 日，贝尔获得发明电话专利，专利证号码 N174655。1877 年，在波士顿和纽约架设的第一条电话线路开通了，两地相距 300 公里。也就是这一年，有人第一次用电话给《波士顿环球报》发送了新闻消息，从此开始了公众使用电话的时代。一年之内，贝尔共安装了 230 部电话，建立了贝尔电话公司，这便是美国电报电话公司的前身。

最早的留声机

爱迪生的脑袋像一台运转的机器，能迸发出灵感的火花，时刻都在搜寻着未发生的各种现象，同时也对已出现的各种现象及问题进行思索和研究，一生有无数的发明，其中一个即是留声机。

1876 年，贝尔发明了电话，由于电话声音太小，爱迪生受委托对其进行改进。1877 年的一天，爱迪生在试验电话机的时候，发现送话器里的膜片随着说话声在振动。他想了解膜片振动幅度，便找了一支钢针固定在膜片上，另一端用手轻轻按着，爱迪生对着送话器说话，突然感到按着膜片触针的手指有相应的颤动，更奇妙的是说话声调高，振动就快，声调低振动就慢；若声音大其振动强，声音小其振动就弱。这一偶然的发现，令爱迪生兴奋不已，原来他早就想发明一种能够复述声音的机器。由此他推想，触针能刺激手指，那么也应该在锡箔一类的物质表面划出连续的刻痕；如果膜片上的触针沿着这条记录声音的刻痕移动，相信一定会得到原来的声音。他在记事本上写道："我用一块有触针的膜片对准急速旋转的蜡纸，说话声的振动便非常清楚地刻在蜡纸上。试验证明，要将人的声音全部予以贮存，日后需要时再随时自动放出来，是完全可以做到的。"

爱迪生充满了信心，动手设计制造这种"重现人们说话的机器"。经几次失败后，爱迪生画出一张草图交给机械车间工头，几天后，助手约翰·克鲁西依照图样重新造出了一台由曲柄、大圆筒、两

最早的留声机

爱迪生

根金属小管组合成的怪异机器。1877 年11 月29 日，试验室里挤满了人，爱迪生坐在桌边仔细检查了机器后，从抽屉里取出一张平整的锡纸铺设在圆筒上，然后摇动曲手柄，圆筒便均匀地旋转起来。他对准那根内装着薄膜置一支触针指向圆筒的金属小管子，放声歌唱："玛丽有只小羊羔/雪球儿似一身毛/不管玛丽到哪去/它总跟在后头跑……"当螺纹机构使圆筒旋转，并将沿着水平方向慢慢移动时，触针便在锡箔纸上刻下凹槽，即声音留下的痕迹。唱完这首歌，爱迪生轻轻拔出机械上的一个小弹簧，触针离开圆筒，反向摇动手柄，让圆筒回到原位置后，再次摇动曲手柄。全屋子的人屏住呼吸目不转睛地注视着，期待着奇迹的出现。这时随着圆筒机械的转动，装着喇叭的管筒轻轻地传出了歌声："玛丽有只小羊羔……"人们都惊呆了，这竟与爱迪生刚才歌唱的一模一样。约翰·克鲁西愣了半晌才说出一句话："我的上帝，它真是一个会说话的机器呀！"此刻，全屋子的人们都欢笑起来，人类历史上第一台留声机诞生了。爱迪生在 1878 年 2 月申请了专利。

会说话的机器诞生的消息，轰动了全世界。1877 年 12 月，爱迪生公开表演了留声机，外界舆论马上把他誉为科学界的拿破仑，留声机成为 19 世纪最引人振奋的三大发明之一。即将开幕的巴黎世界博览会立即把它作为时新展品展出，就连当时美国总统海斯也在留声机旁转了 2 个多小时。

10 年后，爱迪生又把留声机上的大圆筒和小曲柄改进成类似时钟发条的装置，由马达带动一个薄薄的蜡制大圆盘转动的式样，留声机才广为普及。

最薄的 CD 随身听

　　爱迪生发明电声技术之后的 100 多年里，唱片技术每隔 25 年就有一次大的技术革新。从圆筒方式进入圆盘唱片，到电气式唱盘的登场，再进入 LP 唱片，再从单音进入立体声。在第 100 年里，数字音频技术产生了。至 1982 年 10 月 1 日，SONY 又推出了第一台 CD 机 CDP—101。

　　在音质上，CD 随身听可以保持音乐的原汁原味，再配上优秀的耳机或者耳塞，它还是那些对音乐细节要求极高的音质顽固派的首选。由于 CD 机具有机械结构和光学读取部分，所以在重量上会比 MP3 或 MD 随身听重一些，体积上也会相对大出很多。

　　现在在随身听设备领域最火的当属 MP3 播放器了，它不仅外形小巧，而且可以千变万化，价格也便宜，最重要的是可以从电脑上录取免费的歌曲，

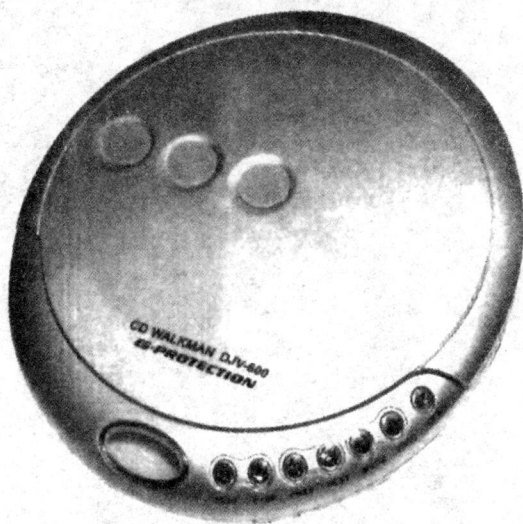

CD 播放器

但是 MP3 播放器在音质上总归是有所损失，在细节和表现力上无法和 CD 播放器相比，因此尽管 MP3 播放器用起来很方便，可还是有不少追求音质的朋友喜欢传统的 CD 播放器。CD 播放器和 MP3 播放器相比最大的劣势在于体积太大，这是它的先天条件决定的，不过如果你看过来自韩国的 iRiveriMP550，或许会惊叹于它的轻薄之美。

iRiver 在 MP3 播放器领域可是大名鼎鼎，它的 CD 播放器的名气远不如它的"铁三角"系列 MP3 播放器有名，可从这款 iMP550 能看出 iRiver 在 CD 播放器领域也功力深厚。iMP550 是目前世界上最薄的 CD 播放器，仅为 13.7 毫米，重量也才 145 克，纤薄的外形让人一见倾心。除了播放音乐 CD，它还支持 MP3、WMA、ASF 等音乐格式，15 分钟 MP3 抗震，5 分钟 CD 音频抗震，自带两节 Ni—MH 香口胶电池，外接电池盒使用两节五号电池，最长可达 55 小时播放时间，拥有光纤输出/线路输出接口，线控支持中文简繁体显示，具有 6 种 EQ 模式，还继承了 iRiver 一贯的固件升级功能，对于喜欢 CD 播放器的朋友来说这实在是一件不可多得的精品。

最早的自动取款机

2005 年伊始，英国女王伊丽莎白二世举行授勋大典，为全球多位在本行业作出突出贡献的人颁发勋章。授勋名单中，一位年近八旬的老者格外引人注目，他就是自动取款机的发明者谢泼德·巴伦。

谢泼德·巴伦 1925 年出生在苏格兰的罗斯郡，毕业于爱丁堡大学。20 世纪 60 年代中期，他任"德拉路仪器公司"的经理。当时该公司在激烈的竞争下陷入困境，急需开发新产品使公司起死回生。谢泼德为此寝食难安。有一天，他在洗澡时突然有了灵感："我常因去银行取不到钱而恼火，为什么不能设计一种 24 小时都能取到钱的机器呢？"

一个偶然的机会，谢泼德碰到了英国巴克莱银行的总经理。谢泼德让他给自己 90 秒时间来表达这个主意，结果对方在第 85 秒就给了谢泼德答复："如果你能把你讲的这种机器造出来，我马上掏钱买。"一年后，谢泼德成功了。

1967 年 6 月 27 日，世界上第一台自动取款机在伦敦附近的巴克莱银行分行刚一亮相，立刻吸引了大批观众。当时它叫"德拉路自动兑现系统"。"德拉路自动兑现系统"接受经过放射性碳 14 浸泡过的支票，这是当时比较先进的加密手段。这些支票事先从银行里买出来，然后取款机把支票换成现金。每张支票都有不同的化学记号，以分辨顾客身份，从正确的账户中提取现金。最初顾客从自动提款机中一次只能取 10 英

最古老的取款机

镑，因为当时 10 英镑已足够普通家庭维持周末了。

据估算，目前全球已有 150 万台自动取款机，而且每 7 分钟就增加一台。每年自动取款机完成的交易接近 110 亿次，提取资金近 7000 亿美元。因此英国媒体评价称："自动取款机给我们的经济生活带来了一场革命，使我们向一个 24 小时自助式消费社会转化。"不过，由于担心技术泄露被犯罪分子利用，谢泼德一直没为这项发明申请专利，所以尽管世界上 1/5 的自动取款机为德拉路仪器公司制造，但他本人并没因此暴富。

40 年后，这项伟大的发明才得到政府承认，谢泼德心里多少有些遗憾，但他表示："迟来总比不来好。"不过，现在的谢泼德正隐居在苏格兰北部一个偏僻的小镇上，过着钓鱼打猎的田园式生活，与他帮助建立的 24 小时自助式消费社会相距甚远。

最早的软盘

软盘的全称是"软磁盘"，是个人电脑中最早使用的可移动存储介质。作为一种可移贮存方法，它是用于那些需要被物理移动的小文件的理想选择。

20世纪60年代末70年代初，IBM推出的全球第一台个人电脑，是计算机业里程碑似的革命性的飞跃。但是IBM的计算机面临这样一个问题，就是这种计算机的操作指令存储在半导体内存中，一旦计算机关机，指令便会被抹去。于是在1967年，IBM实验室的存储小组受命开发一种廉价的设备，为大型机处理器和控制单元保存和传送微代码。这种设备成本必须在5美元以下，以便易于更换，而且必须携带方便，于是软盘的研制之路开始了。

美国王安电脑公司当时打算发布用于字处理的计算机，感到8英寸的软盘太大，于是开始与其他公司合作生产小一点的磁盘。一天晚上，在波士顿一家昏暗的酒吧中，他们最后一致同意采用某种尺寸的软盘，这种尺寸就是餐桌上的一块鸡尾酒餐巾的尺寸，它的大小恰好是5.25英寸。从此这种软盘成为电脑的最佳移动存储设备，容量也达到360K。5.25英寸的软盘虽然从体积到容量上都有了一定的进步，但它还是有很多缺点，比如软盘采用的外包装比较脆弱，容易损坏，体积也比较大。因此很多厂家并没有满足于这种软盘，他们都在不断地进行探索，以寻求更为先进的软盘。

软盘

1980 年，索尼公司率先推出体积更小、容量更大的 3.5 英寸软驱和软盘，不过刚推出的时候在当时并没有被一些主要 PC 厂家所接受，市面上流行的依旧是 5.25 英寸的软盘。直到 1987 年 4 月，IBM 推出基于 386 的个人电脑系列，正式配置了 3.5 英寸的软驱后，这才引起了很多人的注意。从那时起，在 IBM、康柏为代表的厂商极力推崇下，这种 3.5 英寸的软盘开始大行其道，3.5 寸软盘以其便宜的价格、相对巨大的存储量（1.44M，百万级字节存储量）很快全面占领市场，而 3.5 英寸软盘驱动器也开始正式取代 5 英寸的软驱成为个人电脑的标准配置，走向了它一生中最辉煌的时期。

3.5 英寸的软盘都是，通常简称 3 寸。3 寸软盘都有一个塑料外壳，比较硬，它的作用是保护里边的盘片。盘片上涂有一层磁性材料（如氧化铁），它是记录数据的介质。在外壳和盘片之间有一层保护层，防止外壳对盘片的磨损。软盘提供了一种简单的写保护方法，3 寸盘是靠一个方块来实现的，拔下去，打开方孔就是写保护了。反之就是打开写保护，这时可以往文件里面写入数据。

随着硬件加工技术的发展，软盘尺寸渐渐减小，容量渐渐增加。但是由于软盘介质读取方式固有的局限——磁头在读写磁盘数据时必须接触盘片，而不是像硬盘那样悬空读写——它已经难以满足大量、高速的数据存储，而且软盘的存储稳定性也较差。后来虽然有很多升级产品如 zip、ls120 及 Jazz 等，但是都难以同时解决兼容性和速度容量两者直接的矛盾。随着光盘、闪存盘等移动存储介质的应用，软盘使用已越来越少。

最人性化的电脑

要想让电脑有高智商，一个关键问题是要给电脑配备上智能化的软件。1999 年上半年，人工智能专家们把他们开发出的智能对话软件安装在电脑上，进行了一番真刀真枪的智商大比武。在先期于澳大利亚进行的世界杯聊天电脑大赛上一台美国电脑夺魁，但不久就在英国科学周上被两台英国电脑挑落马下，可谓强中自有强中手。

世界杯聊天电脑大赛，又称鲁伊布纳人工智能大赛，由国际知名的美国人工智能专家鲁伊布纳博士于 1990 年创办，每年举办一次。今年的比赛由澳大利亚的弗林德斯大学承办，参赛的有来自世界各地的 11 台电脑，它们被各自的主人装上了不同的智能对话软件，拥有一定的与人对话的能力。比赛规则很简单：先筛选出 11 名电脑爱好者与这些电脑聊天，每个人和每台电脑都聊上几分钟。除此之外，世界上数万名电脑爱好者还在因特网上观摩了这次比赛。

这 11 名电脑爱好者中，有的是当面与这些电脑聊天，有的则是通过因特网与之聊天。这些电脑在与人交谈时，有时谈吐不凡，有时却所答非所问，仿佛它正在和另外一个人交谈。当评判官问一台电脑"你今天感觉如何"时，电脑迅速回答说"今天我的大脑很兴奋，有不少新奇的想法"；而评判官再问它"你能听见我的声音吗"，电脑却傻乎乎地回答说"不，我是个真人"，让人啼笑皆非。

经过激烈角逐，来自美国的代号为"鲁比"的电脑拔得头筹，并为主人赢得了 2000 美元奖金和一枚铜制奖章。虽然奖品略显寒酸，但主人在人工智能研究方面的突出成就得到了肯定，所以"鲁比"的主人也照样是笑逐颜开。

人性化的电脑

不过，令专家们感到汗颜的是，"鲁比"的主人是一位人工智能研究的门外汉。这位来自美国的电脑迷甚至从来没有获得过一个大学学位。其父亲开办了一家软件开发公司，他就从高中直接进入父亲的公司，学习如何开发制作智能型会计软件。

不过，"鲁比"只风光了不到两个月，就有更智能化的电脑将其轰下了王冠宝座。在1999年3月中旬进行的英国科学周上，举办了一个"百万人试验"活动，目的是吸引老百姓们都来参与有趣的科学实验。组织者从英国各大学开发出的智能软件中挑选出智商最高的两套，分别装在两台电脑上，并取名为"阿莱克斯"和"罗宾"，欲与"鲁比"一试高低。另外，组织者还别出心裁地找来一名电脑爱好者，让他与"阿莱克斯"、"罗宾"、"鲁比"一起分别通过因特网与世界各地的网虫们聊天，然后让网虫们判断哪个是真人，哪个是电脑。网虫们对此活动倍感新奇，短短几天中就有13000名网虫通过因特网前来捧场。结果，"阿莱克斯"和"罗宾"的表现都比"鲁比"出色，有27%的网虫认为"阿莱克斯"是真人，"罗宾"也蒙骗了12%的网虫，而新科状元"鲁比"只蒙骗了11%的网虫。最滑稽的要数那名和三台电脑在一起的那位真人了，有37%的网虫硬说这名来自某大学的高才生是台电脑，真可谓真亦假时假亦真，让人哭笑不得。

最早合成塑料的化学家

塑料的发明堪称为 20 世纪人类的一大杰作。它已成为现代文明社会不可或缺的重要原料，广泛应用于航空、航天、通信工程、计算机、军事以及农业、轻工业的食品工业等各行各业之中。

塑料，照字面上讲，是可以塑造的材料，也就是具有可塑性的材料。现今的塑料是用树脂在一定温度和压力下浇铸、挤压、吹塑或注射到模型中冷却成型的一类材料的专称。

19 世纪 60 年代，美国由于象牙供应不足，制造台球的原料缺乏。1869 年最早的人工制造的塑料赛璐珞取得专利。赛璐珞虽是最早的人工制造的塑料，但它是人造塑料，而不是合成塑料。第一种合成塑料是将酚醛树脂加热模压制得，于 1910 年由美籍比利时化学家贝克兰德制成。

贝克兰德将酚醛树脂添加木屑加热、加压模塑成各种制品，以他的姓氏命名为贝克里特，我们称为电木。第一次世界大战后，无线电、收音机等电气工业迅猛发展，更增加了对电木的需求，一直被使用到今天。

化学工业中需要不被酸作用的器械，曾用特种钢制造，价格昂贵，用耐酸的电木取代，便宜多了。但是电木却不耐碱。它是制造纽扣、棋子很好的材料。拖拉机和汽车里的一些零件也是用它制造的。

贝克兰德在做实验

　　1918 年，奥地利化学家约翰制得脲醛树脂，用它制成的塑料无色而有耐光性，并有很高的硬度和强度，更不易燃，能透过光线，又称电玉。20 世纪 20 年代，曾在欧洲被用作玻璃代用品。20 世纪 30 年代，又出现了三聚氰胺—甲醛树脂，是以尿素为原料的。三聚氰胺—甲醛树脂可以制造耐电弧的材料，它耐火、耐水、耐油。此后聚乙烯、聚氯乙烯、聚苯乙烯、有机玻璃等塑料陆续出现。这不能不说是由电木打开的门路。

　　从 1976 年起，塑料已成为人类史上被应用最多的材料，渗透到人们生活的方方面面。电子工业必须利用金属作导体，同时必须利用塑料作绝缘体。通讯方面，电话线利用塑料绝缘，而且世界上每一个接收电话装置都安装在塑料壳里。家庭内有很多以塑料制造的生活设施和日常用品，如：家具、排污管、家电等，有些塑料还应用于制造涂料。塑料应用于包装业后，很快就大量打入零售商场，它使得每一件小商品的包装都大为增色。体育用品也有不少是塑料制造的。例如：用来建造冲浪板、帆板和潜水通气管等。

最早的听诊器

听诊器的发明至今已有近两个世纪的历史，但在两个世纪之前的长达1500余年的时间里，医生在没有听诊器帮助的情况下，只能采用一种直接听诊法。也就是，医生取一片布铺放在病人身体有病的部位上，然后把耳朵贴上去听。虽说这种诊断办法也曾诊断出了一些疾病，但存在明显的缺点，它既不卫生，也不方便，听音效果还难于准确辨别，而且，不是人体所有部位发生的病变都能用直接听诊法听出来的。为此，人们特别是医生们都在努力寻找一种科学实用的听诊器械。

200多年前，奥地利有位医生临床实践中根据声音判断胸腔内器官的健康状况。当时，许多医生都不相信这一说法，法国医生雷纳克却记在心里。

一天，雷纳克带小女儿去公园玩跷跷板。孩子玩够了就将自己的耳朵贴在跷跷板的一头，叫爸爸用手指在另一头敲鼓点给她听，雷纳克的鼓点节奏越敲越轻，连自己都几乎无法听清了，可小女儿却越听越入神，还说敲得很好听。雷纳克觉得很奇怪，就叫女儿敲，自己听，声音果然清晰。他高兴地大声嚷起来："有了，有办法了！"

原来，几天前一位贵妇请他看病，因不宜用耳朵直接贴附其胸部来听诊，故不能得到令人满意的检查结果，使雷纳克很着急，一时也想不出好办法。女儿的声音

听诊器的发明者勒内克像

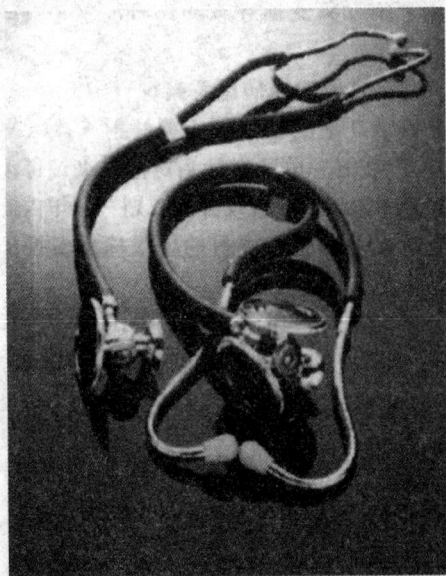

听诊器

游戏启发了他，第二天，雷纳克在医院的门诊部拿起一张纸，把它卷起来，用一根线绑上，形成一个中空的喇叭筒，然后把它放在患者的胸口听心脏跳动的声音，这就是世界上最早的听诊器。

此后，他又做了许多次相关实验。由于他擅长用机床车木头，便用雪松和乌木制作了一个木头筒，筒长30厘米，外径3厘米，内径5毫米。这个圆筒由两节合成，便于医生携带，这实际上就是木制的单耳式听诊器。雷纳克将它命名为"胸部检查器"，由于它的形状像一只笛子，于是人们又将其称为"医者之笛"。不幸的是，雷纳克本人在发明了听诊器后不久就患上了肺病，于1826年去世。

雷纳克在世的时候，他对肺病进行了全面深入的研究，整理了有关资料，撰写了一本影响深远的医学巨著，使人类的临床医学进入了一个新纪元。虽然如此，雷纳克却受到了他的同乡布鲁赛斯医生的强烈反对，布鲁赛斯曾推广利用水蛭吸血的办法给人治病而导致了许多患者的死亡。布鲁赛斯讥讽雷纳克的书是"一堆无可争辩的事实和毫无用处的发现"。后来，人们在雷纳克发明的基础上继续前进，逐步改制成了现代临床医生所广泛使用的双耳听诊器。当医生听诊时，再也不用经历雷纳克的尴尬遭遇了。

最早发现青霉素的人

青霉素是指分子中含有青霉烷、能破坏细菌的细胞壁并在细菌细胞的繁殖期起到杀菌作用的一类抗生素，是从青霉菌培养液中提制的药物，是第一种能够治疗人类疾病的抗生素。它的发明者是英国细菌学家亚历山大·弗莱明。

弗莱明于 1881 年出生在苏格兰的洛克菲尔德。弗莱明从伦敦圣马利亚医院医科学校毕业后，从事免疫学研究；后来在第一次世界大战中作为一名军医，研究伤口感染。他注意到许多防腐剂对人体细胞的伤害甚于对细菌的伤害，认识到需要某种有害于细菌而无害于人体细胞的物质。

战后弗莱明返回圣马利亚医院。1922 年他在做实验时，发现了一种他称之为溶菌霉的物质。溶菌霉产生在体内，是黏液和眼泪的一种成分，对人体细胞无害。它能够消灭某些细菌，但不幸的是在那些对人类特别有害的细菌面前却无能为力。因此这项发现虽然独特，却不十分重要。

1928 年弗莱明有了他的伟大发现。在他的实验室里，有一个葡萄球菌培养基暴露在空气之中，受到了一种霉的污染。弗莱明注意到恰好在培养基中霉周围区域里的细菌消失了，他正确地断定这种霉在生产某种对葡萄球菌有害的物质。不久他就证明了这种物质能抑制许多其他有害细菌的生长。这种物

弗莱明发现青霉素

质——他根据其生产霉的名称（青霉菌）将其命名为青霉素——对人或动物都无毒作用。

弗莱明的研究结果发表于 1929 年，但是起初并未引起高度的重视。弗莱明指出青霉素将会有重要的用途，但是他自己无法发明一种提纯青霉素的技术，致使这种灵丹妙药十几年一直未得以使用。

1935 年，英国牛津大学生物化学家厄恩斯特·鲍里斯·钱恩和物理学家霍德华·瓦尔特·弗洛里偶然读到了弗莱明的文章，很感兴趣。钱恩负责青霉素的培养和分离、提纯、强化，使其抗菌力提高了几千倍，弗洛里负责对动物观察试验。至此，青霉素的功效得到了证实。

在英美政府的鼓励下，医药公司进入了这个领域，很快就找到了大规模生产青霉素的方法。起初，青霉素只是留给战争伤员使用，但是到 1944 年，英美公民在医疗中也能够使用了。1945 年战争结束时，青霉素的使用已遍及全世界。

青霉素的发现对寻找其他抗菌素是一个巨大的促进，这项研究导致发明出了许多其他"神奇的药物"，但是青霉素却是用途最广的抗菌素。

青霉素不断保持领先地位的一个原因在于它对许多有害微生物都有效。该药能有效地治疗梅毒、淋病、猩红热、白喉以及某些类型的关节炎、支气管炎、脑膜炎、血液中毒、骨骼感染、肺炎、坏疽和许多其他种疾病。

青霉素的另一个优点是使用的安全范围大。50 万单位青霉素的剂量对某些感染是有效的，但每日注射 100 万单位青霉素也没有副作用。虽然有少数人对青霉素过敏，但是对大多数人来说该药为既有效又安全的理想药物。

由于青霉素的发现和大量生产，拯救了千百万肺炎、脑膜炎、脓肿、败血症患者的生命，及时抢救了许多的伤病员。青霉素的出现，当时曾轰动世界。为了表彰这一造福人类的贡献，弗莱明、钱恩、弗罗里于 1945 年共同获得诺贝尔医学和生理学奖。

最早发现病菌的人

现在，人们还经常听说什么"艾滋病病毒"、"蘑菇病病毒"等等，"病菌"和"病毒"到底是什么东西？它们又是被谁最早发现的呢？

其实，"病菌"和"病毒"都是可以使人和动物致病的微生物，它们非常非常小，肉眼看不见，只有在显微镜下才能看清它们的样子。它们都是被法国杰出的微生物学家和化学家路易斯·巴斯德发现的。

巴斯德于1822年12月27日生于法国汝拉省的多尔。他在偶然中，采用了一种特殊方法，得到了分离的两种结晶，对立体化学起到了决定性的推动作用。但使他载入史册的却是他在微生物学方面的巨大成就，也即是"病菌"和"病毒"的发现。

1865年，欧洲蔓延着一种可怕的蚕病，法国南部的蚕也大批大批地死掉，使南方的丝绸工业遭到了严重打击。人们向当时是巴黎高等师范大学的生物学教授巴斯德求援。他得到消息之后，马上到法国南部实地调查。他首先取来病蚕和被病蚕吃过的桑叶仔细观察，一连几天和助手通宵达旦地工作。

很快，他通过显微镜发现蚕和桑叶上都有一种椭圆形的微粒。这些微粒能游动，还能迅速地繁殖后代。他找来没病的蚕和从树上刚摘的桑叶，在显微镜下，没发现那种微粒。"这就是病源！"巴斯德兴奋地叫了起来。他立即告诉农民，把病蚕和被病蚕吃过的桑叶统统烧掉。这样，蚕病被控制住了。

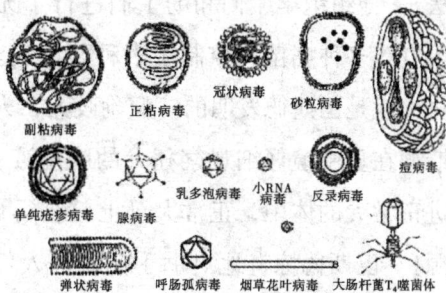

副粘病毒　正粘病毒　冠状病毒　砂粒病毒
单纯疱疹病毒　腺病毒　乳多泡病毒　小RNA病毒　反录病毒　痘病毒
弹状病毒　呼肠孤病毒　烟草花叶病毒　大肠杆菌T₄噬菌体

病毒

巴斯德像

通过蚕病事件，巴斯德为人类第一次找到了致病的微生物，给它取了个名字，叫"病菌"。怎样防止蚕病传染呢？巴斯德带了病蚕回巴黎的实验室进行研究。两年之后，他找到了防止的方法：把产完卵的雌蛾钉死，加水把它磨成糨糊，放在显微镜下观察，蚕有病菌，就把它产的卵烧掉；蚕没病菌，就把它产的卵留下，用没有病菌的蚕卵繁殖，蚕病就不会传染。

1880 年，法国鸡霍乱流行，怎样才能使鸡不得传染病呢？这成了巴斯德新的研究课题。不久，他向科学院送上了自己的研究报告，他发现了传染病的免疫方法。巴斯德把导致鸡霍乱流行的病菌浓缩液注射到鸡身上，当天鸡就死了。病菌浓缩液放了几个星期之后，巴斯德又给鸡注射，鸡却没有死。经过多次实验，巴斯德认识到，病菌放一段时间之后，不仅毒性大为减少，而且还有抗病的效力。这样，他就制成了鸡霍乱疫苗，注射后，能增强鸡的抵抗力，防止霍乱传染。

掌握了制造疫苗的方法之后，巴斯德开始研究人类致病的原因，结果发现了多种病菌。他还发现在高温下，病菌很快就会残废，于是他向医生宣传高温杀菌法，可以防止病菌传染。现在，我们医院里使用的医疗器械，都要用高温水蒸气蒸煮，这就是用巴斯德发明的消毒方法，后人叫它"巴氏消毒法"。他组织学生们和助手们进行了无数次实验，制成了伤寒、霍乱、白喉、鼠疫等多种疫苗，控制了多种传染病。现在，儿童要打防疫针，这种免疫方法，就是巴斯德发明的。疯狗咬人，人就会得"狂犬病"，全身抽搐而死。巴斯德在显微镜仔细观察狂犬的脑髓液，没有发现病菌。可是把狂犬髓液注射进正常犬的体中，正常犬马上就会得病死掉。"这是一种比细菌还要小的病源！"巴斯德惊奇地对助手们说。人们就把这种比细菌还小的生物病源叫做"病毒"。

人类最早的试管婴儿

试管婴儿是"体外受精和胚胎移植"的简称。它通过手术将女性的成熟卵子取出，然后与自己的丈夫的精子或别人的精子于试管中受精，在培养4天后，再把这个受精卵移植到女子的子宫里安胎，发育为胎儿。

1944年，美国人洛克和门金首次进行这方面的尝试。1965年，英国生理学家爱德华兹和妇科医生斯蒂托提出了在玻璃试管内可能受孕的证据。1977年底，在英国剑桥一间狭窄的实验室里，鲍勃·爱德华兹教授通过他的显微镜看到，培养液里漂动着的一些微小的细胞团——人类早期胚胎。其中有一个，将拥有极不平凡的命运。25年后，它变成了一个健康丰满、恬静温柔的普通姑娘，努力追求着普通的生活，尽管她的普通本身就极不普通。

从1960年开始，爱德华兹就开始研究人类卵子及体外受精技术，并于1969年在试管中培育出第一个胚胎。随后他与帕特里克·斯台普托合作，研究从女性子宫中提取卵子的方法。许多想生孩子想得发狂的不孕女性大方地提供卵子给他们试验，其中一位就是莱斯莉·布朗，一个性情恬静的妇人，因为输卵管异常而不能受孕。她的丈夫约翰健康状况正常。

1977年冬季的一天，爱德华兹成功地从莱斯莉体内取出卵子，驱车前往剑桥他的实验室，揣着试管使它保暖。卵子与约翰·布朗的精子在培养液中混合、受精，

第一个试管婴儿出生

5 天之后生成了 5 个胚囊，它们被植入莱斯莉的子宫。尽管被告诫说受孕的可能性很小，莱斯莉却凭着感觉确信一定会成功："我感觉自己像在茧子里，很温暖，很舒服。"

1978 年 7 月 25 日夜 11 点 47 分，兰开夏郡奥尔德姆市总医院，在斯台普托主刀下，一个女婴通过剖宫产诞生了。当时约翰正在斯台普托夫人的陪伴下等候在妻子的病房里，护士来叫他去看刚出生的女儿时，他喜极而泣无法自制，在墙上砸了一拳之后才稍稍恢复冷静，亲吻了护士和斯台普托夫人后，冲出门外、跑下楼，向手术室狂奔。爱德华兹和斯台普托把孩子放到他怀里，他着魔似的盯着她，语无伦次地说："不敢相信！不敢相信！"莱斯莉还因为手术麻醉而沉睡着，没有参与这狂欢的场景。保卫严密的医院外面，从种种迹象中猜测出孩子已经降生的记者们正在为忙着打探内幕和排挤竞争对手而发疯。

这个名字叫路易斯·布朗的婴儿健康而正常，医生们长舒一口气，放下了心头悬着的一块大石。并不是所有的人都为路易斯的出生而欢呼，宗教界和政治界各种"扮演上帝"、"制造怪物"的指责早已铺天盖地，如果路易斯有一丝缺陷，爱德华兹和斯台普托就会被口水淹死。令他们欣慰的是，在"魔鬼的造物"、"弗兰肯斯坦之子"之类的聒噪声中，她健康地成长着，成了试管婴儿技术的完美广告；到她 25 岁时，当年那些世界末日般的言语看起来夸张得可笑。两位科学家与布朗一家保持着亲密关系，是路易斯亲近的两位特殊的"叔叔"。斯台普托于 1988 年去世时，10 岁的路易斯像失去亲人一样悲伤哭泣。

最早的克隆羊

　　"克隆"是人类在生物科学领域取得的一项重大技术突破，反映了细胞核分化技术，细胞培养和控制技术的进步。它原是英文 clone 的音译，意为生物体通过细胞进行的无性繁殖形成的基因型完全相同的后代个体组成的种群，简称为"无性繁殖"。"克隆"一词于 1903 年被引入园艺学，以后逐渐应用于植物学、动物学和医学等方面。广泛意义上的"克隆"其实是我们的日常生活中经常遇到，只是没叫它"克隆"而已。

　　在距英国苏格兰首府爱丁堡市 10 公里远的郊区有个罗斯林村，这是一个风景优美的世外桃源。罗斯林研究所就建在这个村，它是英国最大的家畜家禽研究所，也是世界著名的生物学研究中心。1997 年 2 月 22 日，世界上第一头克隆羊"多莉"就是在这里诞生。在此之前，台湾已用胚胎细胞复制出了目前最长寿且能繁殖的克隆猪。

　　但其他克隆动物在世界上的影响却远远及不上"多莉"。其原因就在于，其他克隆动物的遗传基因来自胚胎，且都是用胚胎细胞进行的核移植，不能严格地说是"无性繁殖"。另一原因，胚胎细胞本身是通过有性繁殖的，其细胞核中的基因组一半来自父本，一半来自母本。而"多莉"的基因组，全都来自单亲，这才是真正的无性繁殖。从严格的意义上说，"多莉"是世界上第一个真正克隆出来的哺乳动物。"多莉"的诞生，意味着人类可

克隆之父

以利用动物的一个组织细胞，像翻录磁带或复印文件一样，大量生产出相同的生命体，这无疑是基因工程研究领域的一大突破。

继多莉出现后，克隆，这个以前只在科学研究领域出现的术语变得广为人知。克隆猪、克隆猴、克隆牛……纷纷问世，似乎一夜之间，克隆时代已来到人们眼前。

随着"多莉"克隆羊的诞生和传媒对"克隆"技术的宣传，人们开始从多方面来分析和展望克隆技术可能会给人类带来的财富。例如英国 PPL 公司已培

"多莉"克隆羊

育出羊奶中含有治疗肺气肿的抗胰蛋白酶的母羊。这种羊奶的售价是 6000 美元 1 升，1 只母羊就好比一座制药厂。用什么办法能最有效、最方便地使这种羊扩大繁殖呢？最好的办法就是"克隆"。同样，荷兰 PHP 公司培育出能分泌人乳铁蛋白的牛，以色列 LAS 公司培育成能生产血清蛋白的羊，这些高附加值的牲畜如何有效地繁殖呢？答案当然还是"克隆"。除此之外，克隆动物对于研究癌生物学、免疫学、人的寿命等都有不可低估的作用。

值得注意的是，克隆技术在带给人类巨大利益的同时，也会给人类带来灾难和问题。它将对生物多样性提出挑战，而生物多样性是自然进化的结果，也是进化的动力；有性繁殖是形成生物多样性的重要基础，"克隆动物"则会导致生物品系减少，个体生存能力下降：更让人不寒而栗的是，克隆技术一旦被滥用于克隆人类自身，将不可避免地失去控制，带来空前的生态混乱，并引发一系列严重的伦理道德冲突。

最早的转基因作物

20 世纪 80 年代初发展起来的植物基因工程技术能够对植物进行精确地改造，转基因作物在产量、抗性和品质方面有显著地改进，同时也可极大地降低农业生产成本，缓解不断恶化的农业生态环境。人们将这次技术上的巨大飞跃称为第二次"绿色革命"。

所谓转基因，即是指通过基因转化技术将外源基因导入受体细胞。将含有转基因的转化体经过一系列常规育种程序加以选择和培育，最后选育出具有人们所需要的目标性状和有生产利用价值的新型品种，这种方法就可以称为转基因育种。通过转基因后的生物，在产量、抗性、品质或营养等方面向人类所需要的目标转变，而不是创造新的物种。

世界上第一例转基因植物的成功应用是 1983 年美国的转基因烟草，当时曾有人惊叹："人类开始有了一双创造新生物的上帝之手。"1996 年美国第一例转基因番茄开始在超市出售。

目前转基因作物中最常见的是转入抗除草剂基因，这样的转基因作物可以抵抗普通的、较温和的除草剂，因此农民用这类除草剂就可以除去野草，而不必采用那些毒性较强、较有针对性的除草剂。其次是转入抗虫害基因，用得最多的是从芽孢杆菌克隆出来的一种基因，有了这种基因的作物会制造一种毒性蛋白，对其他生物无毒，但能杀死某些特定的害虫，这样农民就可以减少喷洒杀虫剂。

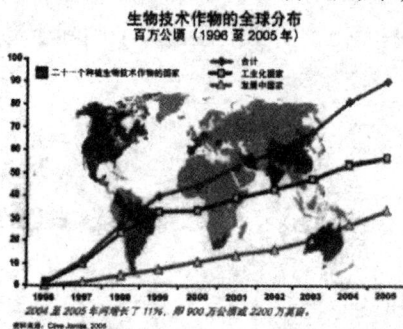

世界转基因作物达 13 亿亩

1996 年至 2002 年间，全球转基因作物种植面积从 170 万公顷迅速扩大到 5870 万公顷，7 年间增长了 35 倍，从而使得转基因作物成为普及应用速度最快的先进农作物技术之一。在全球转基因作物面积迅速扩大的同时，种植转基因作物的国家也在不断增多。2002 年全球有 16 个国家的 550 万 ~ 600 万农民种植转基因作物。全球进行商业化种植的转基因作物包括大豆、玉米、棉花、油菜、土豆、烟草、番茄、南瓜和木瓜等。其中，前四种转基因作物占主导地位，其他转基因作物的种植面积微不足道。

自 1996 年第一例转基因食品投入市场后，人们在享受转基因这一高科技的丰硕果实的同时，也开始担心转基因生物的安全问题。在 20 世纪最后的一年多的时间里，诸如此类转基因作物的安全性的问题，在全球范围内引起了激烈的争论：反对者认为转基因作物具有极大的潜在危险，可能会对人类健康和人类生存环境造成威胁。在欧洲，转基因作物曾一度被一些媒体称之为"由科学家创造、最终又毁灭了这个科学家的怪物"。

其实，转基因技术与传统育种技术相比，它可以打破物种的界限，将动物、微生物基因转入植物中。但是，从总体上来说，转基因技术仍是传统的育种方法的延伸，它所面临的健康、环保问题，传统作物同样也有。因此，对转基因作物安全性的争论从表面上看是一个科学问题的争论，似乎是由于科学工作者对转基因作物及其安全性的认识不同所致。然而，实际上卷入这场争论的除科研机构外，还有政府、企业、消费者、新闻等机构和环境保护组织，争论的实质并不是纯科学问题，而是经济和贸易问题，换句话说，转基因作物的安全性已成了国际贸易的技术壁垒。

第二章

生活科技之最

最早的舌诊专书

注意过自己的舌头吗？为什么舌头上有一片像苔藓一样的东西？而舌头的颜色又为什么常常改变？为什么有人舌嫩而有人舌硬？又为什么有时舌头上像缺了一点什么似的？这些都是属于中医舌诊所要回答的问题。舌诊是中医诊断学的重要组成部分，也是中医诊断疾病的重要依据之一。几千年来，舌诊已成为中国医学的特色之一。

早在中国殷代的甲骨文中，已有"贞疾舌"的记载，其中就含有诊断病舌的意思。公元前3～5世纪成书的《内经》中已有较多关于舌诊的记载。如关于舌苔之色，认为舌苔黄是属于体内有热。还有舌卷，为舌卷缩口内，不能外伸，认为是由于高热神昏。《难经》中也有一些舌诊记载。汉唐时代，张仲景创造了"舌胎"一词，并确立舌诊作为辨证论治的依据。以后《诸病源候论》、《中藏经》、《千金方》、《外台秘要》等书也提到一些舌诊的内容。到宋、金、元时期，《活人书》以有无口燥舌干来辨阴阳虚实，《小儿药证直诀》首创"舒舌"、"弄舌"的名称。但以上一些文献中所记载舌诊的内容都比较分散，中国最早的一本专门谈论舌诊的著作要算《敖氏伤寒金镜录》，这也是世界上最早的舌诊专书。

13世纪，有一个姓敖的人，他对舌诊进行了详细的研究，认真总结了当时察舌辨证的临床经验，写成《敖氏伤寒金镜录》一书。这本书的主要内容是讨论伤寒的舌诊。他在这本书中将各种舌像排列起来，绘成12幅图谱，并通过舌诊来论述证状。

《敖氏伤寒金镜录》书成以后，限于当时条件，未能广为流行，以至现在已看不到原来的版本了。好在当时有个叫杜清碧的人，发现了这本书以后，自己动手绘了 24 幅舌像图，与原书 12 幅合为 36 幅，于公元 1341 年印刷出版。但由于印数不多，所以看到这本书的人也没有几个。

我们现在看到的《敖氏伤寒金镜录》，就是经杜清碧增补的版本。该书以伤寒为主，又写了一些内科以及其他疾病。主要根据舌色，分辨寒热虚实、内伤外感，记录了各舌色所主病证的治疗与方药。全书分 36 种舌色，每种舌色都附有图谱。这对于临床诊断时应用，确有一定指导意义。

到了明朝，一位著名医家薛己原封不动地将杜清碧增补的《敖氏伤寒金镜录》收入他的《薛氏医案》一书，《敖氏伤寒金镜录》方能借以广为流传。薛己对该书曾作过如下评论，他说：过去有本书叫《敖氏金镜录》，专门以舌色来诊断毛病，书中既画了各种舌色的状况，又详细地写出了各种舌色所主的病证，然后再分别记述了它们的方药。医生只要一翻这本书就一目了然，清清爽爽。虽然比不上张仲景写的书，但十分合乎张仲景的道理。可真是既深奥而又通俗，既合乎实用而又简明。

后来又有个叫申斗垣的写了一本《观舌心法》，将舌诊图谱增加到 137 幅；再后，有位张诞先写了一本《伤寒舌鉴》，又改为 120 幅。但从临床实际

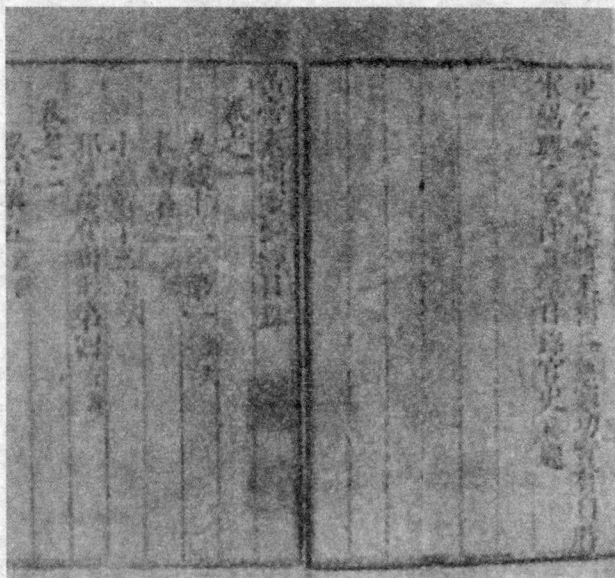

《内经》

需要来看，正确认别 36 种舌苔，已能满足一般临床的要求了。所以，《敖氏伤寒金镜录》的价值实在比《观舌心法》、《伤寒舌鉴》等书要大。

《敖氏伤寒金镜录》的作者是一个无名英雄，现在除了知道他姓敖以外，其他如名字、出身、籍贯等均无记载。而《敖氏伤寒金镜录》这本世界上最早的舌诊专著得以流传，还是依靠元朝杜清碧的修订、明朝薛己的收录。在古时候，一部书的写成固然很不容易，而得以流传下来就更不容易了。

中医的舌诊对西方医学也产生了较大的影响。西医诊断学也逐渐地重视舌质、舌苔的变化及舌的活动状态。譬如，甲状腺机能亢进患者，舌头伸出时常会发生震颤；肢端肥大症和黏液性水肿患者舌体肥大；低血色素贫血时，舌面平滑；核黄素缺乏时，舌上皮可有不规则隆起；猩红热病人舌头呈鲜红色，形如草莓。这些与中医诊断学认为人体重要脏器的疾病，均可在舌头上有所反应，可以通过舌诊了解病人的病情、变化和转归的道理相合。正因为中医舌诊很重要，所以世界上不少国家正在深入研究，他们通过舌荧光检查、舌印检查、舌的病理切片检查、舌的活体显微镜观察、刮舌涂片检查，以及各种生理、生化、血液流变学测定等等，探索舌诊的奥秘，让古老的中医舌诊对世界医学作出更大的贡献。

最早的麻醉剂

最早发明麻醉药是中国东汉时期的名医——华佗，不过当时的药名不是叫"麻醉药"，而是叫"麻沸散"。

华佗（145—208），字元化，沛国谯（今安徽亳县）人。他是个民间医生，一生不愿做官，不愿追求名利富贵。朝廷征召他做官，地方举他当孝廉（汉朝选拔统治人才的科目之一，举为孝廉的人，往往被任命为"郎"官），他都拒绝了。他擅长内、外、妇、儿、针灸各科，尤精外科。创有称为"五禽戏"的保健体操。行医的足迹遍及今天的江苏、山东、河南、安徽的部分地区，治愈的病人很多。由于他医术高明和具有救死扶伤的精神，人们赞扬他为"神医"。建安十三年（208年）为曹操所害。

麻沸散是华佗创制的用于外科手术的麻醉药。《后汉书·华佗传》载："若疾发结于内，针药所不能及者，乃令先以酒服麻沸散，既醉无所觉，因刳破腹背，抽割积聚。"华佗所创麻沸散的处方后来失传。传说系由曼陀罗花（也叫洋金花、风茄花）1斤、生草乌、香白芷、当归、川芎各4钱，南天星1钱，共6味药组成；另一说由羊踯躅3钱、茉莉花根1钱、当归3两、菖蒲3分组成。据后人考证，这些都不是华佗的原始处方。

麻沸散的发明还有一个有趣的过程。

魏、蜀、吴三国鼎立时，战争频繁，军队和老百姓受伤、生病的很多。华佗是当时最有名的医生，伤病人员都请他治疗。由于那时没有麻醉药，每当做手术时伤病员要忍受极大的痛苦。

有一天，华佗为一个患烂肠痧的病人破腹开

华佗像

刀。由于病人的病情严重，华佗忙了几个时辰才把手术做完。手术做好后，华佗累得筋疲力尽。为了解除疲劳，他喝了些酒。华佗因劳累过度，加上空腹多饮了几杯，一下子喝得酩酊大醉。他的家人被吓坏了，用针灸针刺人中穴、百会穴、足三里，可是华佗没有什么反应，好像失去了知觉似的。家人摸他的脉搏，发现跳动正常，这时相信他真的醉了。过了两个时辰，华佗醒了过来。家人把刚才他喝醉后给他扎针的经过说了一遍。华佗听了大为惊奇：为什么给我扎针我不知道呢？难道说，喝醉酒能使人麻醉失去知觉吗？

几天以后，华佗作了几次试验，得出结论是：酒有麻醉人的作用。后来动手术时，华佗就叫人喝酒来减轻痛苦。可是有的手术时间长，刀口大，流血多，光用酒来麻醉还是不能解决问题。

后来华佗行医时又碰到一个奇怪的病人：病者牙关紧闭，口吐白沫，手攥拳，躺在地上不动弹。华佗上前看他神态，按他的脉搏，摸他的额头，一切都正常。他问患者过去患过什么疾病，患者的家人说："他身体非常健壮，什么疾病都没有，就是今天误吃了几朵臭麻子花（又名洋金花），才得了这种病症的。"

华佗听了患者家人的介绍，连忙说道："快找些臭麻子花拿来给我看看。"

患者的家人把一棵连花带果的臭麻子花送到华佗面前，华佗接过臭麻子花闻了闻，看了看，又摘朵花放在嘴里尝了尝，顿时觉得头晕目眩，满嘴发麻："啊，好大的毒性呀！"

华佗用清凉解毒的办法治愈了这名患者，临走时，什么也没要，只要了一捆连花带果的臭麻子花。

从那天起，华佗开始对臭麻子花进行试验，他先尝叶，后尝花，然后再尝果根。实验结果表明，臭麻子果麻醉的效果很好。华佗到处走访了许多医生，收集了一些有麻醉作用的药物，经过多次不同配方的炮制，终于把麻醉药试制成功。他又把麻醉药和热酒配制，麻醉效果更好。因此，华佗给它起了个名字——麻沸散。

公元 2 世纪中国已用"麻沸散"全身麻醉进行剖腹手术。到 19 世纪中期欧美医生才开始施用麻醉药，比中国整整晚了 1600 多年。这无法比拟的创举，使中国医学一直遥居世界前茅。

最早的医学分科记载

商代，医和巫不分，治疗和迷信活动经常混在一起。到了西周（约公元前 11 世纪）时期，医药知识有了长足的进步，不但医、巫分开，而且医学进行了分科。这是世界上最早的医学分科。

商代有管理疾病的小臣。中国甲骨文专家胡厚宣先生释"小疾臣"，认为这种职官既医治疾病，也从事医疗管理工作。它是中国文字迄今所见最早的医官。

周代医官是继承了商代医官发展而来的。《周礼·天官》将宫廷医生分为以下几科："食医，中士三人"，主要职责是"掌合王之六食、六膳、百馐、百酱、八珍之齐"。食医，是管理饮食的专职医生，是宫廷内的营养医生，主管帝王膳食，是为王室贵族的健康长寿而专设的。"疾医，中士八人"，主要职责是"掌养万人之疾病"。疾医相当于内科医生。疾医已经不仅为王室服

《周礼》

务，而且施治万民疾病。这说明"民"的社会地位已有所提高，并在宫廷医生治疗疾病时反映了重民思想。"疡医，下士八人"，主要职责是"掌肿疡、溃疡、金疡、折疡之祝药刮杀之齐；凡疗疡，以五毒攻之，以五气养之，以五药疗之，以五味节之。"疡医相当于外科医生，专管治疗各种脓疡、溃疡、金创、骨折等。疡医在宫廷医生中地位低于食医、疾医，属下士。兽医，下士四人，掌疗兽病，疗兽疡，凡疗兽病灌而行之。兽医主要治疗家畜之疾病或疮疡。

《周礼》成书的年代较晚，它不是也不可能是西周职官情况的真实记录，但它在一定程度上保留和相当曲折地反映了西周职官的情况。古文学家在全面清理西周铭文中职官材料之后，以西周当时的第一手材料为依据，重新对《周礼》作了研究。认为《周礼》在主要内容上，与西周铭文反映的西周官制，颇多一致或相近。因此，正确认识和充分利用《周礼》是西周职官问题研究中不容忽视的问题。周代宫廷，把医生分为食医、疾医、疡医和兽医，这是医学进步的一个标志，它有利于医生各专一科，深入研究。《周礼》宫廷医学的分科，是我国最早的医学分科记载，开后世医学进一步分科之先河。

在医学分科的基础上，西周时期已对病人分科治疗，并建立了记录治疗经过的病历，对于死者还要求作出死亡原因的报告。同时，还建立了医疗考核制度——主管医药行政的"医师"，年终考核医生们的医疗成绩，并以此决定他们的级别和俸禄。

自西周以后，医学分科不断发展。唐代，太医署下设若干医科，医科下面又设若干分科；宋代，太医局下已设9科；元、明、清三代的分科更细，最多达13科。医学分科的发展，表明了中国古代医学水平在世界上的领先地位。在国外，阿拉伯国家在公元9世纪左右才开始医学分科，不少国家的医学分科比这还要晚。

现存最早的儿科专著

儿科医学在中国出现很早，公元前16到公元前11世纪的甲骨文中已有"贞子疾首"、"龋"等儿科疾病的记载。生活在公元前五世纪的扁鹊以专门治疗小儿病著称。湖南长沙马王堆出土帛书《五十二病方》中讲到"婴儿病痫""婴儿索痓"的病状与治法。战国至秦汉之际出现的《黄帝内经》中已有儿科医学理论。

《汉书·艺文志》记载有《妇人婴儿方》十九卷，可见中国早在春秋、战国时期，对于儿科疾病的认识和治疗已积累了相当丰富的经验。西汉时名医淳于意的25个病例中，有以"下气汤"治婴儿"气嗝病"的案例，案中阐述了其病因、病理、症状、诊断、方药、服法和预后，实为中国最早的儿科病案记载。隋大业六年（610年）巢元方的《诸病源候论》中介绍小儿疾病达六卷之多，有225候，对儿科的病因、病理和症候的阐述甚为详细。巢元方并提到中古有师巫著《颅囟经》一书。这是世界上现存最早的儿科专著。

《颅囟经》又名《师巫颅囟经》，全书2卷（一作3卷），托名周穆王"师巫"所传（一作东汉卫汛撰）。明代以后原书已佚，今存本为《四库全书》本（系自《永乐大典》中辑佚者），已非全帙。内容首论脉法，次论病源、病证，再次为惊、癫、疳及火丹证治方法。书中论述小儿脉法，指出："凡孩子三岁以

巢元方像

下，呼为纯阳，元气未散，若有脉候，须于一寸取之，不得同大人分寸，其脉候之来，呼之脉来三至，吸之脉来三至。呼吸定息一至，此是和平也。若以大人脉五至取之，即差矣"。这是关于小儿脉法论述的最早记载。

在小儿病因与治疗上，该书也尤多创见，如对小儿骨蒸（佝偻病）病因，一向认为是肾气不足，本书最早指出是由于营养不良，脾虚所致，治疗用含有丁种维生素的鳖甲等。在 17 世纪时欧洲英国医学家、伦敦医学院院长、皇家学会创办人格里森（1597—1677 年）才写书专门论述儿童佝偻病。到 1889 年苏顿才用动物实验证明鱼肝油是治疗佝偻病的特效药物。

最早的石刻药方

中国古代有许多石刻药方。据已发现的文献资料分析，龙门药方是世界上最早的石刻药方。龙门药方是北齐时期的刻制品，它刻于河南洛阳市龙门石窟药方洞中，共约 4000 余字。

据医史学家李永谦氏的统计，龙门药方有药方 129 首，其中药物治疗 110 方，针灸治疗 19 方，使用药物 122 种，其中植物药 67 种，矿物药 18 种，动物药 12 种，粪尿药 14 种及其他类药 10 种。药方还记载了多种药物剂型，医疗工具与用药方法。所载方剂数量多，且多为单方，验方，药味简单，使用方法简便，容易掌握。本药方不仅开创了刻石记载、传播医药知识的先河，而且也是世界上最早的针灸刻石记录。

龙门药方洞位于中国九朝古都洛阳市区往南 12 公里的龙门山上，龙门依山傍水，风景如画，山上有数以千计的石窟，窟内有大小不等的 10 万尊佛像，它是世界三大造型艺术宝库之一。

顺龙门山势从北向南漫步，不时被那千姿百态的石雕佛像和旖旎风光吸引驻足，不知不觉走了 1 公里，经过禹王池、宾阳洞、万佛洞、莲花洞、奉先寺，沿着山腰上的石阶一步步走到一座坐东向西的石洞前，洞内石壁上刻满了中药方，人们叫它"药方洞"。药方洞有中国现存最早的石刻药方，所治病症涉及内、外、妇、儿、五官、神经等科，是研究中国古代医药学的重要资料。

龙门药方洞

药方洞位于龙门山上奉先寺的南边，它始凿于北魏，唐朝建成，洞门楣顶呈弓背形，洞楣上方正中有两个侏儒力士，肩扛蟠龙碑头摩崖巨碑，左右两个飞天，洞高 4.1 米，宽 3.6 米。洞门楣上悬挂着中国著名中医药学家耿鉴庭题写的"药方洞"匾额。洞内面积比一间房还大，洞长 3.28 米，宽 3 米，近似方形，穹隆形顶，雕莲花藻井，主佛释迦牟尼坐在高台正中，二弟子、二菩萨分立两旁。洞口过道左侧石壁刻有"北齐都邑师道兴造释迦二菩萨像记并治疾方，武平六年"。

洞内左侧石壁上刻有疗疟方、疗哮方、疗反胃方、疗消渴方、疗金疮方、疗上气唾脓血方等。

疗疟方：蜀漆末，方寸匕，和湿服。又：黄连捣末，三指撮，和湿服，并验。疗哮方：灸两曲肘里大横纹下头，随年壮。疗消渴方：顿服乌麻油一升，神验。又方：古屋上瓦，打碎一斗，水二升，煮四五沸。又方：黄瓜根、黄连等分捣末，蜜和丸，如梧子，食后服十丸，以差为度。洞内右侧石壁上刻有疗瘟疫方、疗大便不通方、疗小便不通方、疗霍乱方、疗黄疸方、疗赤白痢疾方、疗癫狂方、疗噎方等。疗大便不通方：取猪胆以苇筒纳胆中，系一头，纳下部中，灌，立下。羊胆良。疗小便不通方：以葱叶小头去尖，纳小行孔中，口吹令通，通讫，良验，立下。又方：取雄黄如豆许，末之，纳小孔中，神良。疗黄疸方：大黄三两，粗切，水二升，生渍一宿，平旦绞汁一升半，纳芒硝二两，顿服，须臾快利，差。

初步统计，药方洞石壁上共刻中药方 203 首，其中针灸方 27 首，治疗中医内、外、妇、儿、五官等科 72 种病证，其中有些药方如疗噎方的生姜橘皮汤等，仍为现在中医临床所常用。

由于年代久远，药方洞中的石刻药方部分文字，或自然风化脱落，或人为损坏残缺，有待我们深入研究，补缺拾遗、考证阐明。龙门石刻药方距今已 1400 多年，是中国古代劳动人民防病治病的宝贵经验，它刻在风景旅游区、石刻艺术宝库和佛教圣地的龙门山上，便于人们观赏、参考、应用和传播，这为普及中医药卫生知识、防病治病创造了条件。

最先发明指南针的国家

　　中华民族是一个伟大的勤劳的民族，又是一个富于创造的民族。远在2000多年前的战国时代，中国人民利用地磁偏角的原理，就发明了指示方位的指南针，从而成为世界上发明指南针最早的国家。

　　指南针（又名罗盘针）的发明，对人类社会历史的发展、科学的进步和东西方的文化交流都起了很大作用。过去，在茫茫的汪洋大海中航行，在碧落无际的天空飞行，在硝烟弥漫的战场作战指挥，在异国他乡游览和交往，

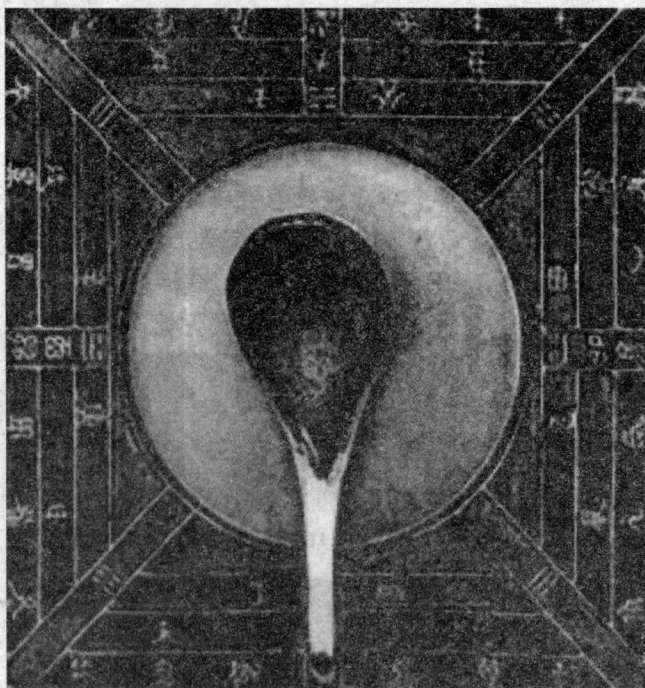

司南模型

由于没有科学的指向仪器，有时不是迷失方向，就是转向，给航海、作战等方面造成很大的影响和损失。自从我国经过长期的社会实践，率先发明了指南针以后，情况就大不一样了，一切指向的疑难问题也就迎刃而解了，从而促进了航海、军事、旅游等事业的发展。

指南针的发明不是一蹴而就的，而是经过了漫长的辛勤研究和不断的改进，逐渐发展而制成的。据史书记载，最初人们发现天然的磁石能吸铁，继而又发现磁铁利用地磁吸引，总是指向南端，从而在公元前 3 世纪

指南车

的战国年代，人们用天然磁铁矿琢磨成当时称为"司南"的指南针。还发明了一种车上安装木头人，车子里边有许多齿轮，无论车子如何转动，木头人的手总是指向南方的"指南车"。

公元 1 世纪初，即东汉初年，王充在《论衡》中记述了磁勺柄指南的史实。但"司南"等由于是用天然磁石制成的，容易失去磁性，使用起来既不方便，效果又不很好。在北宋时，著名的科学家沈括总结了前人的经验，在物理方面又发现地磁偏角的存在，利用人工磁化法制成了使用方便、效果较好的指南针，就是用天然磁石上摩擦后带磁性的钢针来指南。此法制成的各种指向性的仪器，虽然在形状上和装置方法上有新的发展和差异，但其原理基本上是一样的。

12 世纪，指南针传到阿拉伯和欧洲后，导致了哥伦布发现美洲新大陆，麦哲伦完成了环球航行。这就说明指南针的发明，不仅对我国航海等事业的发展有巨大意义，而且对人类社会的进步也作出了重要贡献。

最早的常平架装置

北宋时发明的指南针，不久即发展成磁针和方位盘连成一体的罗经盘，或称罗盘。罗盘又经历了水罗盘——旱罗盘的演变过程。旱罗盘因其磁针有固定的支点，在航海中指向的性能优越于水罗盘，但它在海上应用仍有不便之处。当盘体随海船作大幅度摆动的时候，经常使磁针过分倾斜而靠在盘体上无法转动。公元16世纪，欧洲的航海罗盘开始出现了一种现在称为"万向支架"的常平架装置。它由两个直径略有差别的铜圈组成，小圈正好内切于大圈，并用枢轴将它们联结起来，然后再由枢轴把它们安在一个固定的支架上，旱罗盘就挂在内圈中。这样，不论船体怎么摆动，旱罗盘总是保持水平状态。

其实，欧洲航海罗盘上的常平架装置，中国早在汉晋时期就已经出现了。中国汉晋时期制造的"被中香炉"，内有世界上最早的常平架装置。

公元4世纪以前成书的《西京杂记》，记载了当时长安（今陕西西安）的巧匠丁缓所制的"被中香炉"。书中写道："为机环转运四周，而炉体常平，可置之被褥。"被中香炉的外壳为圆形，开有透气孔，像个多孔小球。它由内外两个金属环组成，两环用转轴联结起来，外环又通过另一转轴与外架联系着；点香用的炉缸则用第三个转轴挂在内环上；这3个转轴在三维空间中相互垂直。于是只要转轴灵活，炉缸不但可以作任何方向的转动，而且由于受重力作用始终下垂，不论小球怎么滚动，炉缸都能处于常平状态（即"炉体常平"），而不会使香灰洒落出来。

物理学知识告诉我们，要使一个具有一定重量的物体不倾斜翻倒，最佳的方法是采用支点悬挂。银薰球就是采用了这种方法，将香盂悬挂在两边各有一个轴孔的内持平环中，当内持平环呈水平位置时，香盂因自身重量，可以前后轻微晃动而不会左右倾斜翻倒。但仅用一个持平环是无法避免香盂向轴向方向倾斜翻倒的。为解决这一问题，必须在轴向再做一个较大的持平环，将悬挂香盂的内持平环悬挂在外持平环上，并使两环的轴孔正好垂直，轴心线

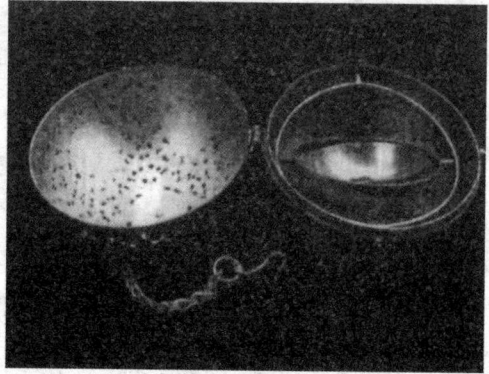

被中香炉

的夹角为90度。这样，内持平环能避免香盂前后方向倾斜；外持平环则能防止香盂（包括内持平环）左右倾斜。盂心随重心作用，始终与地面保持平行，无论薰球怎么转动，盂内的香料都不会撒出，可置于被中或系于袖中。银薰球的这种结构完全符合现代航空航海中使用的陀螺仪原理。罗盘就是悬挂在一种称为"万向支架"的持平环装置上。这样，无论有多大风浪，船体怎样摆动，也无论在怎样复杂的气流中，飞机如何颠簸，罗盘始终保持水平状态，确保正常工作。

被中香炉在汉以后历代都有制造，它的常平架装置，是现代陀仪中万向支架的始祖，这是中国古代劳动人民在机械史上的卓越发明。在欧洲，最先提出类似设计的，是文艺复兴时期的大画家、科学家达·芬奇（1452—1519），已较我国晚了1000多年。但遗憾的是，这项杰出的创造，在我国仅应用于生活用具。16世纪，意大利人希·卡丹诺制造出陀螺平衡仪并应用于航海上，使它产生了巨大的作用。

世界第一例断手再植手术

生活、工作、学习、娱乐，哪一样少得了手？人们常用"生产能手"、"多面手"、"神枪手"、"高手"、"快手"……来称赞那些技艺超群的人。人一旦失去了灵巧的手，整个人生就将面临巨大改变，生活将变得十分艰难。断手断肢再植，一直是国际医学界关注的重大课题。1903 年国外就开始了动物实验研究，1963 年，这一个重大课题才在几个中国人的手中被突破了。

陈中伟、钱允庆等几名中国医师成功接活了一只完全断离的手，在世界医学史上写下辉煌的一页。钱允庆（1925—1998），医学史上首例断肢再植创始人之一，著名血管外科专家，原第六人民医院外科主任、主任医师、教授。陈中伟（1929—2004），有"断肢再植之父"和"显微外科的国际先驱者"之称，长期从事骨科、断肢再植和显微外科的实验研究、临床及教学工作。

1963 年，上海机床钢模厂的工人王存柏工作时粗心，右手从手腕关节往上约 1 寸的地方被冲床的冲头完全轧断，病人和断手马上被送到第六人民医院去抢救治疗。按照惯例，外科医生遇到这种情况，一般只能在病人的断腕上进行消毒包扎，伤好后再安上一只假手。陈中伟、钱允庆、奚学基和其他医师，决定打破惯例，把这只断手接上。接肢手术是在事故发生大约半个小时以后进行的。

陈中伟和钱允庆等首先为病人接好了手腕部分的骨头和 9 根控制手指屈伸的主要肌腱。接着，进行接血管——这是接肢手术的关键。医师们放弃了费时较多的缝接法，改用一种新的套接法，迅速而顺利地把手部的 4 根主要血管接了起来，恢复了已经停止了 4 个小时的手部血液循环。尔后，医师们

钱允庆、陈中伟在视察断手再植的 X 光片

又把另外 9 根主要肌腱和 3 根已经切断的手部神经一一结合起来，全部手术进行了 7 个半小时。断手接活后，医务人员采取了各种措施，帮助王存柏的右手恢复正常。施行手术后两个月，王存柏的右手恢复得很快。经过 X 光血管造影检查和著名外科专家鉴定，这只手的手肢血液循环正常，接上的骨头、神经和肌腱都生长良好，并且有了冷、热和痛的感觉，病人已经能用这只手举杯喝水、执笔写字。

随着显微外科技术的应用，极大提高了断肢再植再造的成活率，这样的手术被患者叫做"功德术"，因为它使成千上万不幸的人眼看就要失去的肢体，又幸运地失而复得。

世界最先进的汉字编码法

"汉字全息码"是世界上最先进的汉字编码法。

"汉字全息码"是中学生杜冰蟾经过三年努力于 1990 年发明的。杜冰蟾出生于一个祖辈均为辞书编纂家的家庭，12 岁就开始研究汉字部首，每天只睡几个小时，除了吃饭上学，所有时间都埋头书房，研究的草稿用麻袋装，将汉字 200 多个部首删减为 100 个部首，每删去一个，都如同在悬崖上攀登，极尽艰难。可她却说碰到困难就是碰到机会，成功就是克服困难的结果。

"汉字全息码"顺应中国人几千年来的识字习惯和笔顺规则，不规定任何口诀，也不用死记硬背，将汉字分解成 100 个部首进行编码，把部首、拼音、笔顺、笔画四大元素结合在一起，摒弃了以前编码方式中的各种缺点，从简从易。经过这样处理，每个汉字与语词都被转换成四个拼音字母或六位数码，适用于各种中小型电脑键盘，可为全世界学习、使用汉语的人共同掌握，其优越性超过了已有的数百种汉字编码方式。

"汉字全息码"可广泛应用于中文电脑打字、编辑、印刷、管理，以及电报、电传、中外文机器助译等方面。它的发明，使汉字变成科学、规范、精炼、整齐、优美的集约化编码，为方块汉字电脑化和汉文走向世界作出了重大贡献。

当只有 15 岁的杜冰蟾公布了其汉字

杜冰蟾

全息编码方法的发明后，引起了国内外的强烈反响。美国出版的《世界名人录》把她的名字作为世界最年轻的大发明家收了进去。著名的加拿大西蒙·弗莱泽大学邀请她前往该校讲学，这是西方大学首次把一个少年作为访问学者邀请。权威的日本《科学朝日》杂志称她的发明是"划时代的汉字编码方法"。据有关方面披露，杜冰蟾是世界上提出重大发明的年龄最小的发明家。1990年，中国教育电子公司出资1亿元想购买汉字全息码技术，巨额财富没有打动杜冰蟾的心。1995年，年仅21岁的杜冰蟾成立"杜冰蟾汉字全息码有限公司"，成为中国最年轻的董事长。

最早的地震仪

　　记录地震波的仪器称为地震仪，它能客观而及时地将地面的振动记录下来。其基本原理是利用一件悬挂的重物的惯性，地震发生时地面振动而它保持不动。由地震仪记录下来的震动是一条具有不同起伏幅度的曲线，称为地震谱。曲线起伏幅度与地震波引起地面振动的振幅相应，它标志着地震的强烈程度。从地震谱可以清楚地辨别出各类震波的效应。纵波与横波到达同一地震台的时间差，即时差与震中离地震台的距离成正比，离震中越远，时差越大。由此规律即可求出震中离地震台的距离，即震中距。东汉时张衡发明的地动仪，是世界上最早的观测地震的仪器。

　　东汉时期，地震频繁，据《后汉书·五行志》记载，自和帝永元四年到安帝延光四年（92—125）的三十多年间，较大的地震就发生了 26 次，给人民的生命财产造成了巨大损失。为了掌握全国各地的地震动态，张衡在前人积累的地震知识基础上，经过多年研究，终于在阳嘉元年（132 年）成功地制造出地动仪。

　　《后汉书·张衡传》记载："地动仪以精铜制成，圆径八尺，合盖隆起，形似酒樽（酒坛）。"仪器里面，中央竖立着一根上粗下细的铜柱（相当于一种倒立型的震摆），叫做"都柱"。都柱周围有八条通道，称为"八道"，八道是与仪体相连接的八个方向的八组杠杆机械。仪体外部相应地铸有八条

张衡像

龙，头朝下、尾朝上，按东、南、西、北、东南、东北、西南、西北八个方向布列。每个龙头的嘴里都衔着一个小铜球，每个龙头下面均蹲着一只铜制的、昂头张口准备承接小铜球的蟾蜍。一旦发生强烈地震，都柱便因震动而失去平衡，倒向地震发生的方向，从而触动八道

候风地动仪

中的一道，使相应的那条龙嘴张开，小铜球即落入铜蟾蜍口中，发出很大声响，这样人们就会知道在什么时间什么方位发生了地震。

顺帝永和三年（138 年）二月初三那天，安置在京城洛阳的地动仪，正对着西方的龙嘴突然张开，吐出了小铜球，激扬的响声，惊动了四周，人们纷纷议论，大地并没有震动，地震仪为什么会报震呢？大概是地震仪不灵吧？谁知过了没几天，陇西（今甘肃省西部）发生地震的消息便传来了，于是人们"皆服其妙"。陇西距洛阳 500 千米，地动仪能够准确地测知那里的地震，事实生动地证明了地震仪是何等的灵敏、何等的准确！

张衡创制地动仪，是世界地震学史上的一件大事，开创了人类使用科学仪器测报地震的历史，在人类同地震做斗争的历史上写下了光辉的一页。对此，长期以来中外科学家一直给予极高的评价，认为它是利用惯性原理设计制成的，能探测地震波的主冲方向。在科学技术还很落后的 2 世纪初能做到这一点，是极其难能可贵的。欧洲直到公元 1880 年才制造出地震仪，比中国晚了 1700 多年。

首创地质力学的人

20 世纪 20 年代，中国地质学家李四光在世界上首创了地质力学。

李四光，中国地质事业的奠基者和领导人。他毕生从事地质科学的研究和教育事业，成就卓著，蜚声海内外，是中国冰川学研究的奠基人。他独创的地质力学理论，为中国的地质、石油勘探和建设事业做出了巨大贡献。

李四光，原名李仲揆，1889 年出生于湖北省黄冈县一个贫寒人家。他自幼就读于其父李卓侯执教的私塾，14 岁那年告别父母，独自一人来到武昌报考高等小学堂。在填写报名单时，他误将姓名栏当成年龄栏，写下了"十四"两个字，随即灵机一动将"十"改成"李"，后面又加了个"光"字，从此便以"李四光"传名于世。

1904 年，李四光因学习成绩优异被选派到日本留学。他在日本接受了革命思想，成为孙中山领导的同盟会中年龄最小的会员。1910 年，李四光从日本学成回国。武昌起义后，他被委任为湖北军政府理财部参议，后又当选为实业部部长。袁世凯上台后，革命党人受到排挤，李四光再次离开祖国，到英国伯明翰大学学习。1918 年，获得硕士学位的李四光决意回国效力。途中，为了解十月革命后的俄国，还特地取道莫斯科。

从 1920 年起，李四光担任北京大学地质系教授、系主任，1928 年又到南京担任中央研究院地质研究所所长，后当选为中国地质学会会长。他带领学生和研究人员常年奔波野外，跋山涉水，足迹遍布祖国的山川。他先后数次赴欧美讲学、参加学术会议和考察地质构造。1949 年秋，新中国成立在即，正在国外的李四光被邀请担任政协委员。回到新中国怀抱的李四光被委以重任，先后担任了地质部部长、中国科学院副院长、全国科联主席、全国政协副主席等职。他虽然年事已高，仍奋战在科学研究和国家建设的第一线，为我国的地质、石油勘探和建设事业做出了巨大贡献。1958 年，李四光由何长工、张劲夫介绍加入了中国共产党，由一个民族民主主义者成为共产主义战士。20 世纪 60 年代以后，李四光因过度劳累身

李四光

体越来越差，还是以巨大的热情和精力投入到地震预测、预报以及地热的利用等工作中去。1971 年 4 月 29 日，李四光因病逝世，享年 82 岁。

地质力学是介于地质学和力学之间的新兴边缘科学。地质力学理论认为，地壳上任何一种构造形迹，都反映了地应力的作用。这种地应力作用是研究地质力学、分析构造形迹特征以及它们之间内在联系的基础。李四光运用地质力学的原理，从运动的观点分析研究地壳构造与地壳运动的现象，探索地壳构造、地壳运动及矿产分布的规律，建立了"构造体系"这一地质力学的基本概念。从而开创了地质科学的新局面，使地质科学的发展进入了一个新阶段。

例如，李四光根据地质力学的原理，分析中国东部地区地质构造特点，认为整个新华夏体系就是"多字型构造体系"，它的三个沉降带既生油又储油，具有广阔的找油远景。从理论上否定了"中国贫油"论。后来大庆、胜利、大港、华北等大型油田的相继发现，完全证实了他的科学预见。地质力学研究各种类型构造体系的工作，对研究外生和内生矿产的形成和分布具有重大意义。因此，地质力学认为，对地壳构造和地壳运动规律的正确认识，是找矿和解决其他地质问题的关键。

此外，李四光还把地质力学应用于地震地质工作方面，强调在研究地质构造活动性的基础上，观测地应力的变化，为实现地震预报指明了方向。

最早利用热气流产生机械旋转的装置

出现在中国北宋时期的"走马灯",是我国长期流行于民间,受到人民群众喜爱的玩具,是世界上最早利用热气流产生机械旋转的装置。

走马灯究竟起源于何时?众说纷纭。科学史研究者大都依据文学家范成大(1126—1193)的诗文记载,认为南宋时才有走马灯。范成大的诗集中有首记叙苏州正月十五上元节的诗,诗中描绘了千姿百态的灯。诸如飘升于天的孔明灯,在地上滚动的大滚灯,以及"转影骑纵横的走马灯"等。当时似无"走马灯"之名,诗人自注为"马骑灯"。诗人所记为淳熙十一年之事,即公元 1184 年。

走马灯示意图

其实,早在西汉时已有类似热气球原理的试验,后人制成孔明灯。考古时亦发现,东汉时类似走马灯叶轮(俗称伞)的装置,纸风车也已成为儿童玩具。唐代的灯具,有更奇异的"仙音烛",即能够奏出动听音乐的灯烛。"其形状如高层露台,杂宝为之,花鸟皆玲珑。台上安烛,烛点燃,则玲珑者皆动,叮当清妙。烛尽绝响,莫测其理"。

我们知道,空气在燃烧受热后上升,冷空气进入补充,由此而产生空气对流。走马灯就是利用燃烧加热而上升的空气推动纸轮旋转而制成的。南宋姜夔在《白石道人诗集》中谈到走马灯时说："纷纷铁马小回旋，幻出曹公大战车。"周密在《武林旧事》中记载道："罗帛灯之类尤多，……若沙戏影灯（走马灯），马骑人物，旋转如飞……"

走马灯的构造很简单。它是在一根主轴的上部横装一个叶轮，叶轮下面、主轴底部的近旁安装一个烛座，蜡烛燃烧后，上方空气受热膨胀，密度降低，热空气即上升，而冷空气由下方进入补充，产生空气对流，从而推动叶轮旋转。在主轴的中部，沿水平方向横装四根铁丝，外贴纸剪的人马。夜间纸人纸马随着叶轮和主轴旋转，影子就投射到灯笼的纸（或纱）罩上，从外面看，就呈现出前面诗文中所说的"旋转如飞"的有趣表演。

走马灯的构造原理和现代的燃气涡轮机是相同的，可以说，走马灯是燃气涡轮机的萌芽。欧洲在1550年发明了燃汽轮，用于烤肉，以后在工业革命中，燃汽轮得到发展，用于工业生产，产生巨大的革命性的后果。可惜的是，中国古代发现、利用了空气驱动的原理，制造玩具，但始终没有能进一步加以研究，使之在生产活动中加以应用。

最早的水车

中国的龙骨水车，是世界上最早的水车，西方 1500 年后才能制造这种以链轮传动、翻板提升为工作原理的水车。

龙骨水车又叫翻车，一说是东汉灵帝（168—189 年）时毕岚所创造，因由木链、水槽、刮板等组成，节节木链似根根龙骨，因此得名龙骨水车。一说是三国时期魏国扶风（今陕西兴平）人马钧所发明。当时，农田灌溉工具效率不高，特别在一些地势高的坡地引水灌溉很困难。在马钧的住房旁边，就有一块比较高的荒坡地没有开垦。马钧想利用这块荒坡种点蔬菜，可是没法把水引到坡地上去浇灌。马钧仔细研究了附近的水源，总结前人的经验，

翻车

设计了一种新的提水工具，这就是"翻车"。总结众人之说，当是东汉末毕岚所发明，三国马钧予以完善。

"翻车"亦称"踏车"、"水车"，省称"龙骨"，主要由水槽、木链、刮板等组成，是在前人创造的用来吸水洒路的翻车的基础上，加以改进制成的，结构巧妙，很像一种链唧筒，能够连续不断地将水提上来。水槽系木板所制，最长的可达两丈，是水车的车身。水槽内由木条和刮板作成链子，连成一圈，套置于水槽中。水车汲水时，一般安放在河边，将水槽的一端伸入水中，利用链轮传动原理，以人力或畜力为动力，带动木链周而复始地转动。这样，串装在木链上的刮板便能顺着水槽把河水提升到岸上，灌溉农田。龙骨水车若是以牛为动力，一天能浇地10亩；2个人或4个人足踏，一天可浇地5亩，比单纯的人力浇地效率高多了。

龙骨水车结构合理，可靠实用，千百年来一直流传沿用，其主要结构并没有什么变化。直到20世纪50年代末，在中国农村仍有使用。后来，因为农用电动水泵的兴起，它才完成了历史使命，慢慢退出历史舞台。

最早制造瓷器的国家

在中华民族发明创造的百花丛中，还有一朵绚艳夺目的花朵，那就是瓷器之"花"。瓷器是我国重大的发明之一，远在夏商时已有原始素烧的瓷器，后经我国劳动人民历代的研究、改进，制瓷技术逐渐有了提高，到唐代已发展到相当高的水平，特别是到明代已发展到了一个鼎盛阶段，得到国内外的称赞。

在世界上，中国是最早发明瓷器的国家，比意大利威尼斯开设的第一家瓷器工场早2000多年，素有"瓷器之国"之称。

瓷器是由高岭土、长石和石英等作为原料，经过混合、成形和烧制等步骤而制成的成品。瓷器的发展也有一个由低到高、由简到繁的发展过程。最早为青瓷，进而发展到白瓷，后又发展为彩瓷。据专家考证，青瓷最早产于浙江的绍兴、上虞一带；白瓷据现有资料证实，最早是北齐武平六年（575年）范梓墓出土的一批白瓷；彩瓷发明于唐代，最称著的为"唐三彩"。所谓"唐三彩"就是在无色釉的白地胎上，用铅黄、绿、青等色画成花纹图案，烧制而成的瓷器，因始创于唐代，故称"三彩"。唐三彩的发明，标志着唐代制瓷业者对化学特性的认识、对釉色的精细调配、烧炼时火候的掌握和控制已发展到较高的水平。这是唐代制瓷业的新发展。

唐代瓷器的改进，标志着瓷器已从陶器中分化出来，成为独立的手工业。当时瓷窑几乎遍布全国各地。北起河北、陕西，南至广东、福建、江西，到处都有瓷窑。当时最

唐代瓷器

盛行的是白瓷、青瓷二大类。白瓷以邢州（今河北邢台）邢瓷产品为代表，还有河南巩县、汤阴，江西的景德镇及四川的大邑等地。白瓷特点是：坯体坚细，釉色洁白。唐青瓷以越州（今浙江余杭）的产品为代表，主要产地尚有新州（今湖南常德）、婺州（今浙江金华）、兴州（今安徽淮南）、洪州（今江西南昌）等地。其特点是：瓷土细腻，胎质薄，瓷化程度高，釉色晶莹润泽。

到五代时，制瓷技术及品种又有提高。据史书记载，吴越国贡品有秘色（即青蓝色）瓷

唐代瓷器

器，成为当时的佳品。周世宗在北方郑州还特设了柴窑，其产品据史书记载：青如天，明如镜，薄如纸，声如磬。技术精湛，堪称诸窑之首。在品种上，除生产日常生活用品及建筑上用的瓷砖、瓦外，还发展了"瓷版"和"瓷刻"的新工艺，说明我国当时的制瓷技术已很高。

中国产瓷称著的地方还要数景德镇。景德镇在唐代隶属于饶州新平县，唐玄宗时改称为新昌县，后又改为浮梁县。据浮梁县志称："唐高宗时，早南镇（即景德镇）民陶玉献瓷器，称为假玉器，从此昌南镇的瓷器名闻天下。天宝年间，韦坚献南方诸郡特产，豫章郡（即拱州）船载名瓷。"由此可见，洪州（今南昌）瓷一向称著。到北宋乃至明代时，景德镇瓷器成为瓷业的中心，各种釉色和彩绘瓷器不断有所创新。景德镇瓷器所以遐迩中外，是有悠久的历史传统的。清代朱琰对景德镇瓷器盛况曾有比较全面的专著。

从唐以后，我国的瓷器已出口东西方各国。从有关文献记载和已发现的实物证明，我国的瓷器及其制作技术已传到东南亚、日本和阿拉伯国家。这从1854年在印度发掘的邢窑白瓷和越窑青瓷的残碗及1910年在伊朗发现的唐三彩的陶瓷残片以及从阿拉伯国家发现的仿造中国瓷器的仿制品中得到验证。这是我国人民对人类社会发展和科学进步的又一重要贡献。

第一例试管山羊

　　1984 年 3 月 9 日，世界上第一只试管小羊在日本著名科学城筑波的畜产试验场诞生，这只小山羊是由中国青年科学家、内蒙古大学的讲师旭日干和日本科学家花田章教授合作试验成功的。

　　1982 年，内蒙古大学讲师旭日干到日本兽医畜产大学及日本农林省畜产试验场进修学习，他的研修课题，是被各国畜牧专业认为最难突破的家畜体外受精。家畜体外受精，是当代世界上迅速发展的生命科学的一个重要领域。但是，由于牛、羊等家畜的精子没有穿越卵子的足够能力，致使这方面的研究长期没有进展。

　　旭日干勤奋刻苦，将全部精力都用在突破这一课题上。他与日本的花田章博士合作，于 1983 年 10 月，把用化学药物处理过的公山羊精子，与母山

旭日干与刚出生的"试管羊"在一起

羊卵子在试管中受精。然后把 12 个受精的卵子，移植到 5 只 2 岁以上的母山羊的子宫中。其中四例子宫着床失败，剩下的一例获得成功，并于 1984 年 3 月 9 日顺利产子，这是世界上第一例试管山羊。这只被取名为"日中"的世界上第一胎试管山羊，轰动了整个生物技术领域，许多新闻媒体纷纷予以报道，旭日干也因此赢得了"试管山羊之父"的美誉。

这一成果不仅丰富了生殖生物学、发育生物学的内容，而且为家畜细胞工程、胚胎工程的发展开辟了新的技术途径。此后，旭日干利用试管羊技术，进行了多年高产优质绒山羊的育种研究，使"内蒙古优质高产型绒山羊新品系"培育取得了重大进展。新培育出来的白绒山羊既保留了阿尔巴斯白山羊绒质优良的品质，又吸收了辽宁盖县白绒山羊绒产量高和其他山羊的特点，成年母羊平均产绒高出土著山羊一倍以上，达到 527 克，高产型成年母羊个体产绒突破 1000 克，绒细为 14.57 微米，均达到了国内领先水平。继 1984 年培育出世界第一胎试管山羊，1989 年，旭日干又接连培育出中国第一胎试管绵羊和第一头试管牛犊。

第一个冬小麦花培新品种

"京花一号"是世界上第一个用花粉培育的冬小麦新品种。

"京花一号" 1983 年试种面积已扩大到 10 万亩，1984 年获得了好收成。该品种是由中国北京市农林科学院作物所副研究员胡道芬领导的课题组，经过 6 年艰苦努力培育成功的。胡道芬在育种方法上获得突破，探索出一条将花培育种与常规育种结合的冬小麦育种新途径。使育种周期缩短了 4 年。这是具有世界先进水平的重大成果，它丰富了冬小麦花培育种的理论和实践，受到国际遗传学界的高度评价。

花培育种即单倍体育种，就是将花药放在特殊的无菌培养基上，再加入生长素、激动素等物质，促使花药细胞分裂，先形成不具分化的细胞团块（即愈伤组织），继而再诱导其产生器官分化，长出根、茎、叶，形成完整的植株。

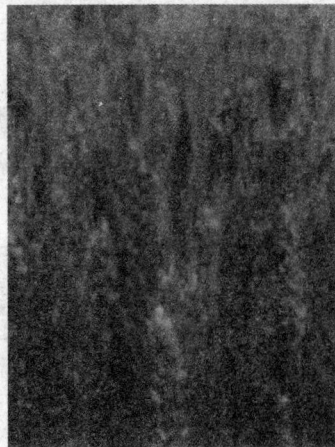

小麦

花培育种是世界上蓬勃兴起的生物工程中的一项重要内容。由于将冬小麦的花粉接种到培养基上，很难培育出花粉植株，所以，攻克冬小麦花培育种是一道难关。胡道芬领导的课题组知难而上，对花药培养和花粉植株移栽技术进行了大胆的改革和创新，逐步建立起冬小麦花粉育种的程序。他们育出的"京花一号"，抗逆性强、品质好，亩产一般可达 300～400 千克，成为深受农民欢迎的小麦品种。

首次获得的高临界温度超导体

1987 年 2 月 20 日，中国科学院物理研究所在世界上首次获得了绝对温度 100 度以上的高临界温度超导体。

超导是物体超导电性能的简称。它是指某些物体在低温下电阻完全消失的现象。物体从有电阻变为无电阻的温度称为转变温度，在科学上用绝对温度 K 来表示，绝对温度的零度相当于零下 273 摄氏度。

陈立泉像

超导技术是当代新兴尖端技术之一，超导材料的开发应用，有可能像半导体材料那样导致一场新的工业革命和技术革命。

超导现象 1911 年就已发现，但直到 1986 年，超导体只能在极低温区的液氦下工作。氦是一种稀有气体，液化复杂，成本昂贵。如果能找到一种超导体，转变温度在 77K 以上，就可以在来源丰富、液化简便的液氮下工作。这将使超导技术的大规模应用成为可能。因此科学家们一直在为寻找液氮下工作的高临界温度超导体而努力。

1986 年底，中国科学院物理研究所副研究员赵忠贤、陈立泉领导的研究组获得了绝对温度为 48.6 度的超导体。1987 年 2 月，美国获得了绝对温度为 98 度的超导体。1987 年 2 月 20 日，赵忠贤、陈立泉领导的研究组又首先在世界上获得了绝对温度为 100 度以上的超导体。这项成果居于国际领先地位，是中国在超导研究中的重大突破。

最早应用"海拔"概念的人

以平均海水面作标准的高度叫海拔。中国元代著名科学家郭守敬，在世界上最早将"海拔"概念应用于地理和测量学。

郭守敬（1231—1316），字若思，顺德邢台（今河北邢台）人，中国元代的大天文学家、数学家、水利专家和仪器制造家。中统三年（1262年），郭守敬被元世祖忽必烈任命为提举诸路河渠，负责各路河渠整修事务；以后，又任负责河工水利的都水监、工部郎中等官职。在此期间，他勘察治理"河、渠、泊、堰"，兴修水利工程，发展农田水利事业，取得了十分显著的成就。

至元十二年（1275年），郭守敬奉命踏勘黄淮平原地形和通航水路，并

简仪

相机建立"水站"（水上交通站）。他自孟津（今河南省孟津县东南）以东，沿黄河故道，在方圆几百里的范围内进行了地形测绘和水利规划工作，还画成地图，一一详细说明。据《知太史院事郭公行状》记载，在这项工作中，郭守敬"尝以海面较京师至汴梁地形之高下相差"，即以海平面为标准，比较大都（今北京）和汴梁（今河南开封）地形的高低。这是"海拔"概念在地理学和测量学中最早的应用，这一创造性的成就远比西方为早。

郭守敬像

郭守敬还和王恂、许衡等人，共同编制出我国古代最先进、施行最久的历法《授时历》。为了编历，他创制和改进了简仪、高表、候极仪、浑天象、仰仪、立运仪、景符、窥几等十几件天文仪器仪表；还在全国各地设立 27 个观测站，进行了大规模的"四海测量"，测出的北极出地高度平均误差只有 0.35；新测二十八宿距度，平均误差还不到 5′；测定了黄赤交角新值，误差仅 1′多；取回归年长度为 365.2425 日，与现今通行的公历值完全一致。

郭守敬编撰的天文历法著作有《推步》、《立成》、《历议拟稿》、《仪象法式》、《上中下三历注式》和《修历源流》等十四种，共 105 卷。

为纪念郭守敬的功绩，人们将月球背面的一环形山命名为"郭守敬环形山"，将小行星 2012 命名为"郭守敬小行星"。

最早的十进位值制记数法

十进位值制记数法，是中国古代劳动人民一项非常出色的创造。十进，就是以十为基数，逢十进一位。位值这个数学概念的要点，在于使同一数字符号因其位置不同而具有不同的数值。例如同样是2，在十位就是20，在百位就是200；又如4676这个数，同一个6在右数第一位表示的是个位的6，在右数第三位则表示600。

甲骨文中的十进位表示法

中国自有文字记载开始，记数法就遵循十进制了。商代的甲骨文和西周的钟鼎文，都是用一、二、三、四、五、六、七、八、九、十、百、千、万等字的合文来记10万以内的自然数。这种记数法已含有明显的位值制意义，只要把千、百、十和又的字样取消，便和位值制记数法基本一样了。

十进位值制记数法给计算带来了很大的便利，对中国古代计算技术的高度发展产生了重大影响。它比世界上其他一些文明发生较早的地区，如古巴比伦、古埃及和古希腊所用的计算方法要优越得多。印度则一直到公元6世纪还用特殊的记号表示二十、三十、四十……等十的倍数，7世纪时才有采用十进位值制记数法的明显证据。

十进位值制记数法，是我们祖先对人类文明的一项不可磨灭的贡献。马克思称赞它是"最妙的发明之一"。英国著名科技史专家李约瑟博士评价说："如果没有这种十进位制，就几乎不可能出现我们现在这个统一化的世界了。"

古代规模最大的天文观测活动

中国元代科学家郭守敬组织的天文观测活动，其规模在当时世界上都是最大的。

郭守敬（1231—1316 年），字若思，顺德邢台（今河北邢台）人，在天文、水利等多方面的科技领域中均做出了杰出贡献。至元十三年（1276 年），元政府命郭守敬等人负责制订新历法。这次历法的制订，主要以天文观测为依据，为此，郭守敬等人研制了十多种先进的天文仪器。至元十六年（1279 年），郭守敬在元世祖忽必烈的支持下，组织了大规模的天文观测活动。

为使天文观测活动顺利进行，在郭守敬的倡议下，大都（今北京）建成了"司天台"，并在全国建立了 27 个观测点。这些观测点分布在南起北纬 15 度，北至北纬 65 度，东至东经 128 度，西到东经 102 度的广大区域内；其中，最北的北海观测点，已经靠近北极圈。郭守敬又挑选了 14 名监候官，分赴各观测点开展观测活动，他本人还亲临一些观测点进行指导和实地观测。

这次观测的主要内容，是夏至日日影长度、昼夜长短和北极高度，并获得了丰硕成果。同时，对于一系列天文常数也进行了测量，如：（1）1280 年冬至时刻的精密测定；（2）测定当年冬至太阳位置；（3）测定当年冬至月离近地点距离；（4）测当年冬至月离黄白交点距离；（5）测定二十八宿距星度数；（6）测定大都二十四节气日出入时刻，等等；并取得了重要成果。这次天文观测活动获得的许多数据，达到了当时世界上最先进的水平，为改革历法提供了宝贵的可靠的科学根据。

郭守敬

最早发明造纸术的国家

中国是一个历史悠久的文明古国，早在 2200 年的汉朝就发明了造纸术，是世界上最早发明造纸术的国家。

纸是人类社会生活必不可少的用品，它是人类记载事物、传播经验、交流思想、著书立传、传递信息和发展科学文化的重要条件，是印刷事业发展的物质基础。造纸术的发明，是中国人民对世界社会历史和科学文化发展的重大贡献。

在西汉时期，政治的统一，经济文化的发达，促进了学校的发展，经学的频传。在这种情况下，士人录写大量的经传师说，而竹简重又不方便，缣帛少而又昂贵，急需一种既经济实用又物美价廉的代用品，纸就是在这样一种社会发展条件下产生的。

1978 年，中国考古工作者先后在新疆、陕西和甘肃出土的西汉文物中，四次发现了纸。最早是 1933 年在新疆罗布淖尔汉代烽燧遗址中，发现了西汉宣帝时期的麻纸。1957 年在西安市灞桥的一座汉墓里发现一叠麻纸，因出土于灞桥，故名为"灞桥纸"。经专家学者鉴定，此纸是西汉武帝时制造的，距今已有两千多年了。这是世界上迄今发现的最早的植物纤维纸。其实物现分别存放在中国和陕西博物馆。这就证明中国在西汉时有了造纸术。

东汉人应劭在《风俗通》中说：汉光武帝在迁都洛阳时，载素（帛）简（竹）纸书共二千车。公元 76 年，汉章帝赐给贾逵用竹简和纸写的春秋左氏传各一套。这就说明汉和帝以前就用纸写书了。后汉书邓皇后传曰：汉和帝永元十四年冬（102 年）邓接皇后位，"是时，方国贡献，竞求珍丽之物，自后接位，悉令禁绝，岁时但贡纸墨而已。"这里所指的纸显然是指比缣帛更廉价的纸。

西汉早期的麻纸比较粗糙，书写不便。东汉蔡伦在任制造御用器物的尚方令时，可能受当时邓皇后贡纸墨的影响，专心制造更加适用的廉价纸。他在总结以往经验的基础上，吸取了前人的经验教训，将造纸的原料和方法进行了改进，用树皮、麻头、破布、旧鱼网作原料，用新的方法造出的纸，不仅提高了纸的质量，便于书写，而且原料更多，价格便宜，易于推广，深受人们的欢迎和称赞。

汉和帝元兴元年（105 年）蔡伦将造好的纸选呈皇上，深得皇帝的赞赏。从此轻便廉价的纸逐渐代替了沉重的竹简和昂贵的缣帛。这是蔡伦的伟大创造，是对人类文化史上的重大贡献。所以人们将他创造制成的纸，以他的姓氏和官爵命名为"蔡侯纸"。这种造纸术，不仅很快在全国得到推广和应用，而且在 7 世纪传入朝鲜、日本，8 世纪中叶传到阿拉伯，以后又逐渐传到欧洲、北美洲以及全世界，这是中国对人类社会文化事业的重大贡献。

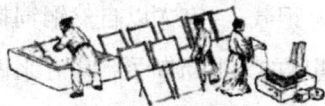

汉代造纸工艺流程图

蔡伦像

最早的动物药理实验

为了弄清药物性能而用动物进行的试验，称动物药理实验。人们一般认为这种试验开始于近代，其实，早在公元 8 世纪初，中国唐代本草学家陈藏器所著的《本草拾遗》一书中，就有了关于动物药理试验的记载。这是世界上最早有文字记载的动物药理实验。

《本草拾遗》中说："赤铜屑主折疡，能焊入骨，及六畜有损者，细研酒服，直入骨伤处，六畜死后取骨视之，犹有焊痕，可验。"这段话的意思是，给患骨折的家畜服用铜，铜可以进入骨折处。当这种患骨折的家畜死后，便可在它们的骨折处见到铜沉积的痕迹，像是用焊锡将断骨焊接起来，表明铜有促进断骨愈合的作用。

不过，当时人们进行这种试验还是盲目的。只是当服用过铜化合物的骨折家畜死后，在解剖过程中发现了铜聚集在骨折部位，能够连接断骨，才认识到铜有治疗骨折的功效。

中国最早有意识地在动物身上进行药理实验，是宋代的事情。北宋政和六年（1116 年），寇宗奭所著的《本草衍义》记载："有人以自然铜饲折翅胡雁，后遂飞去。今人（以之治）打扑损。"胡雁的翅膀折断了，用它来做药理实验，饲以自然铜，过些时候，胡雁折断的翅骨愈合，又飞走了。人们通过这种动物药理实验，得出自然铜可以治疗骨折的结论，于是给跌打损伤的骨折病人服用自然铜，这已是有意识的动物药理实验了。

现代科学证明，铜元素是骨骼中制造骨质的成骨细胞所不可缺少的物质，服用含铜元素的药物，能加速新骨形成过程。可见，中国早期通过动物药理实验得出的认识是正确的。

最早的制造的桨轮船

桨轮船也叫"车船"，它是在船的舷侧或尾部装上带有桨叶的桨轮，靠人力踩动桨轮轴，使轮周上的桨叶拨水而推动船体前进。因为这种船的桨轮下半部浸埋水中，上半部露出水面，故又称"明轮船"，以便和人工划桨的木船以及风力推动的帆船相区别。

古代轮船

南北朝时，祖冲之造的"千里船"可"日行百余里"，有人认为这是一种桨轮船，但因缺乏明确的记载，尚无定论。关于制造桨轮船的确切记载，最早见于《旧唐书·李皋传》，讲述了唐代李皋设计的新型战舰，"挟二轮蹈之，翔风鼓浪，疾若挂帆席"。

桨轮船把桨楫改为桨轮推进，把桨楫的间歇推进改为桨轮的回旋推进（连续运转）。桨轮船的出现，是船舶推进技术的一个重大进步，也是对船行动力的一次重大改革，它其实就是原始形态的轮船。中国唐代李皋制造桨轮船，比西方要早七八百年，欧洲直到公元十五六世纪才出现桨轮船。

桨轮船在南宋时期得到了较大规模的发展。当时农民起义军领袖杨么的部下高宣，设计制造了多种大小桨轮船。其车数（一轮叫做一车）有 4 车、6 车、8 车、20 车、24 车、32 车等，中型的载战士二三百人，大型的长二三十丈，吃水一丈左右，能载千余人。桨轮船在出现后的 1000 多年中，发挥过巨大作用，20 世纪初，中国南方地区还有少量的桨轮船。

最早发明印刷术的国家

中国是世界文明发达最早的国家之一，已有长达 4000 多年有文字可考的历史。早在 1300 多年前的隋朝就始创了雕版印刷术，在 900 多年前的北宋庆历年间就发明了活字印刷术，是世界最早发明印刷术的国家。

纸的出现，为印刷术的发明提供了必不可少的条件和重要的物质基础。而印刷术的发明为人类社会的文化建设、思想交流、知识的传播和整个人类的精神文明建设都起着重要的作用。

印刷术的发明和其他发明一样，这是当时社会发展的客观需要，是人们在社会的物质资料生产和生活中迫切的要求。因为在印刷技术没有发明之前，书籍的制作、流传和交换，全靠手工抄写，速度慢，效率低，而且一次只能抄写一份，还容易出差错。

为了摆脱这种落后状态，人们受了古印章和拓石等的启发，在公元 600 年左右的时候始创了雕刻印刷术，即在一块整木板上刻字印刷的技术。雕版印刷比手工抄写大进一步，不仅一次可印几百本甚至上千本书，而且质量和效率等都比人工抄写提高很多。然而也有其不足，那就是一页就得刻一块板，为刻印一本或一套大型的书，那要刻多少块板，花费多少的时间，要占多少人力物力。看来这种雕版印刷虽有进步，但还不够理想，还需要研究出比这更先进的办法。

毕昇像

《梦溪笔谈》中关于活字版的记载

北宋仁宗庆历年间（1041—1048），原杭州书肆刻工毕昇首先发明了活字印刷术。他用胶泥刻成单个反体字，用火烧硬后，便成活字。而后放在涂有松脂、蜡、纸灰混合制成的黏合剂的铁框铁板上，按需要将活字依次排列好，然后用火加热，使铁板上的黏合剂稍加熔化，用另一块平面铁板将字压平，待铁板冷却后，活字固定在铁板上，拖墨即可印刷。印完后，将铁板放在火上烘烤，取下活字，以备再用。以后他又研究创造了木活字。采用这种方法印刷，一次可印几百乃至几千本书，速度快，质量好，既省时间，又省力，为社会各界所欢迎。不久传到世界各地，也为各国人民所效仿。

毕昇发明的活字印刷术，是印刷史上划时代的创举，是对中国和世界的文化和文明建设具有重大意义。之后，随着社会的发展，科学的进步，人们对活字印刷又进行了多次的研究和改进，在毕昇发明活字印刷后的四百年，日耳曼人谷登堡才第一次创造现在的铅活字，从而提高了活字的使用寿命和排字效率。他的贡献也很重要，但这丝毫不影响活字印刷术的创始人毕昇对人类贡献的奠基作用。

中医药治疗的第一例艾滋病

　　中医研究院西苑医院教授陈可冀，同美国东方医学院医生余娟合作，应用中医药有效地治疗了一例艾滋病患者。这是世界上用中医药治疗的第一例艾滋病。

　　这例艾滋病患者，是一位 38 岁的男性美籍白种人，曾与 20 来名男青年发生过同性恋。与其搞同性恋的青年，在四五年内相继死亡。该患者 1986 年 5 月上旬前来就诊时，神情沮丧，疲惫不堪，厌恶饮食，长期慢性腹泻，全身淋巴结肿大。经常感冒，咽喉肿痛，口干舌燥，体质极度衰弱。患者曾于 1984 年 6 月经当地医院反复检查，确诊患有艾滋病，并为艾滋病病毒携带者。

　　陈可冀教授应用中医理论，诊断为"温毒证"，治疗分三个阶段进行：

陈可冀在实验室

第一阶段：清热凉血，祛湿解毒，药方选用清代温病学家王孟英的"甘露消毒丹"为主，随症加减化裁。患者连服中药四个多月后，体力和精神均有恢复。

第二阶段：改用"生脉散"补元气、益阴津，另加元参、生地、女贞子、旱莲草等滋阴生津之品。三个多月后，患者体力渐趋正常，食欲好转，腹泻停止，但病情仍时有波动。

第三阶段：以补益为主，进以扶正重剂，巩固疗效，稳定病情。药方以气血双补的"归脾汤"为主，重用黄芪治疗。服中药两周后，患者认为"效果出乎意外的好"。几年来，患者情况稳定，自诉数月未患感冒，咽喉不再肿痛，体力和食欲均好。

这例用中医药治疗的艾滋病，达到了缓解临床症状、改善身体素质、延长生存时间的效果。该患者说："我是病友中最后一位幸存者，中医药肯定对我的病起了关键作用。"

最早的大纺车

见于中国元代书籍的大纺车，是世界上最早的先进大纺车。

中国最早的纺车——手摇单锭纺车，一昼夜只能纺三两到五两纱，效率仍不高。后来经过不断改进，单锭纺车改为多锭纺车，手摇改为脚踏，大大提高了工效。公元 4 到 5 世纪，东晋著名画家顾恺之的一幅画上，就画有脚踏三锭纺车。

随着国内外贸易和城市经济的发展，社会对于纺织品的需求量大大增加。原有的手摇纺车和脚踏纺车生产出来的成品，已不能满足纺织手工业的需要，于是人们便对纺车做进一步的改进，以提高纺纱的速度与质量。元代，王祯

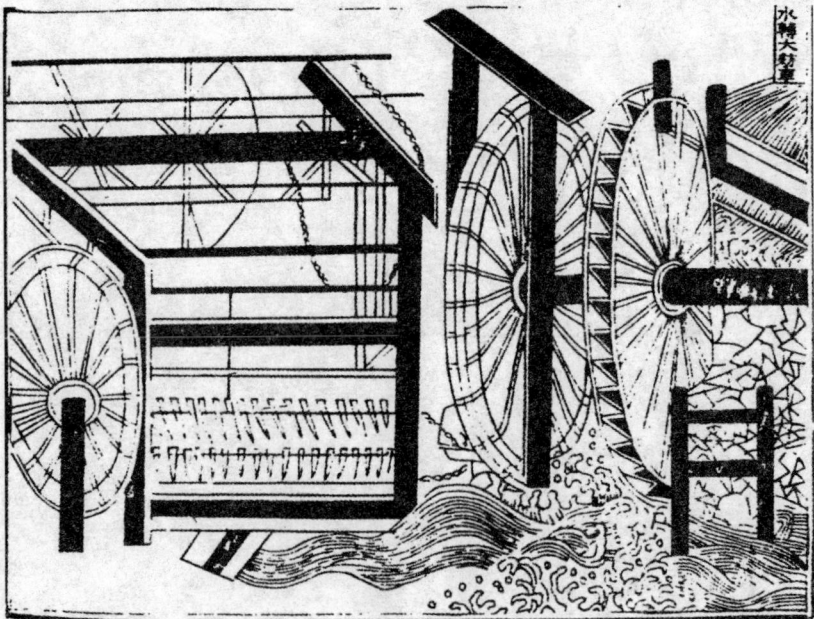

水转大纺车图

的《农书》中除对手摇纺车和脚踏纺车作了全面总结外，还介绍了以人力、畜力或水力引动的大纺车。

《农书》中介绍的大纺车与旧纺车相比，纺纱的锭子大大增多，达到 32 枚，生产力显著提高。脚踏三锭纺车纺棉每昼夜不过 7 到 8 两，五锭纺车纺麻每昼夜也不过 2 斤。大纺车是纺麻的，每昼夜可纺 100 斤。大纺车的传动已经采用和现在的龙带式传动相仿的集体传动了，这是当时世界上最先进的纺纱机械。在西方，公元 1769 年，英国人才制出"水车纺机"，比中国的水力大纺车晚了几个世纪。

现代的机器纺纱，虽然机械的动力大，锭子的数目更多，速度更快，但除了最新的气流纺外，其机构形式还是离不开锭子和它的传动。而所谓最新式的龙带传动，和大纺车的皮弦带动是同一个方式，它们的纺纱基本原理是一致的。

最早的轧棉机

中国元代棉纺织家黄道婆创制的搅车，是世界上最早的轧棉机。

在中国古代，棉花用于纺织的时间，要比麻、葛、丝晚得多。东汉时，棉花才从国外传入我国一些少数民族地区；宋朝末年，内地才开始普遍种植棉花。元代初期，内地的棉纺织工具和技术还很落后。比如，棉籽粘生于棉桃内部，脱除棉籽是棉纺过程中一道必不可少的工序。据《辍耕录》记载，当时内地人民主要采取"用手剖去棉籽"的落后方法，费工费时，效率很低。

黄道婆，松江乌泥泾镇（今上海华泾镇）人，曾在海南岛居住 30 多年，向海南黎族人民学习到先进的棉纺织技术。元祯年间（1295—1296），她返回家乡，引进黎族的棉纺工具并加以革新推广，迅速改变了家乡以至江南地区

黄道婆所使用的纺织工具

黄道婆像

的棉纺织业落后的面貌。其中，用以脱除棉籽的搅车（又名轧车），是由装置在机架上的两根辗轴组成的。上面的是一根小直径的铁轴，下面的是一根直径比较大的木轴，两轴靠摇臂摇动，回转方向相反。将棉花喂入两轴间的空隙碾轧，"籽落于内，棉出于外"。应用搅车脱除棉籽，大大提高了生产效率，这是棉纺生产中一项重大的技术革新。

直到公元 18 世纪，盛产棉花的美国南部还是驱使奴隶用手摘除棉籽。1793 年，美国才造出轧棉机，这比黄道婆创制的搅车晚了 400 多年。

最早的测湿仪器

中国对空气湿度的测定为世界之先。

《史记·天官书》提到一种测湿仪器,即在衡(类似现在的天平)的两端,一端悬土,一端悬炭(炭的吸湿性强),以测冬至或夏至天气的湿度。具体方法是,在冬至或夏至前两三天,把土、炭分别悬在衡的两端,使之平衡,到了冬至日或夏至日,如果炭变重了,就说明大气的湿度增大,反之,则说明湿度减小。西汉的《淮南子·天文训》对此用阴阳二气的理论进行了解释:"阳气为火,阴气为水。水胜,故夏至湿;火胜,故冬至燥。燥故炭轻,湿故

记载测湿仪器的《史记》书影

现代测湿仪器

炭重。"这种以观测炭的轻重变化来测量空气湿度的天平式湿度计，是我国和世界上最早的测湿仪器，它比欧洲湿度计的出现要早 1000 多年。

测湿仪器还可以用来预报天气晴雨。宋代有个叫赞宁的和尚，在他所著的《物类相感志》一书中提到，把土和炭两件东西，置于天平两边，使它们平衡，然后悬挂在房间里。天要下雨时，炭就会变重；天晴了，炭就会变轻。

此外，古代还有利用弦线随湿度伸缩的原理测量湿度，以及利用琴弦感应湿度的原理预测晴雨的事例。

最早应用的催产素催生

《证类本草》

催产素是由脑垂体分泌的一种内分泌激素。世界上应用催产素催生的最早记载，见于约北宋哲宗元祐年间（1086—1093）四川医生唐慎微所著的《经史证类备急本草》（简称《证类本草》）。

《证类本草》卷十七兽部中品一节，在"兔"条下记载道："经验方云：催生丹，兔头二个，腊月取头中髓，涂于净纸上，令风吹干。通明乳香二两，碎入前干兔脑髓，同研。来日是腊（日），今日先研，……以猪肉和丸如鸡头大，用纸袋盛贮，透风悬。每服一丸，醋汤下良。久未产，更用冷酒下一丸，即产。此神仙方，绝验。"

从上面的记载中，可以看到制作催生药"催生丹"用的是整个兔脑。由于当时受认识和技术上的限制，还不能摘取兔子的脑垂体，所以用全兔脑，其中也包括了能分泌催产素的脑垂体，从而保证了其作用的发挥。另外，从记载中还可以看到，制作催生丹没有按制作一般中成药那样经过煎煮加工，而是把兔脑放在纸上，让风吹干，然后将乳香末加入兔脑中研成末。这样，兔脑垂体中的催产素成分，就不至于在煎煮加工过程中被高温破坏而失效。经当时的临床验证，催生丹确实具有使子宫收缩的特效，产妇服用此药，即可加快生产过程，因而书中说"此神仙方，绝验"。西洋医学用脑垂体激素制剂催产，已经是近代的事情了。

最早的提取和应用性激素

性激素是由人体性腺（男性为睾丸、女性为卵巢）分泌出来的内分泌素。古代，人们已经认识到，睾丸中分泌的一些物质，具有使人强壮有力和显示性征的功效。男性的性征与外生殖器密切相关，而男性外生殖器又是排尿器官，于是古人便在尿液中寻找这种使人强壮的物质，这种物质即现在所说的性激素。

中国从宋代就开始从人尿中提取性激素并将其应用于医疗实践中，这是世界上最早提取和应用性激素的实践活动。宋代苏轼和沈括二人医药论述的合编——《苏沈良方》，记叙了用"阴炼法"和"阳炼法"从人尿中提取含有性激素的物质——"秋石"的方法。

用阴炼法提取秋石的过程是：

取人尿三至五担，置于大盆中，加入一倍清水，用棍棒连续搅拌数百次。静置澄清后，倒掉上层的清水，留下沉渣，再兑入大量清水，继续搅拌，如此反复数次，待沉渣没有了臭味时，即为秋石。秋石干燥后就可以用来做药。

用阳炼法提取秋石的过程是：

在尿液中兑入皂角汁搅匀，静置后留取下层浊液，加清水继续搅；最后取少量下层浊液，熬干后取其结晶，加热水使之溶化；然后过滤，将滤出的溶液再熬再滤，直至熬

苏轼塑像

沈括像

得洁白如霜的结晶。随后，把结晶放在砂盆中加热，使结晶升华为汽，汽冷凝后结成晶体，继之再炼，如此反复数次，最后得到的结晶即是秋石。

据沈括记载，他曾用秋石做成丸药，医治了好几个病人，连他的父亲以及他本人，也都服用过秋石治病。以后，人们对秋石医疗功效的认识逐渐加深。《本草纲目》说，秋石治病的适应症是"虚劳冷疾"，即虚寒型的虚弱症。《本草纲目》的有关记载还表明，古代人民已经认识到秋石中含有性兴奋物质，即今天所说的性激素。

有关专家认为，《苏沈良方》所记叙的提取秋石的方法，完全符合现代化学原理。《苏沈良方》约成书于11世纪后期，而国外，1909年，才用化学方法提取出性激素；至于提取纯净的性激素结晶体，则是20世纪20年代末的事情了。

古代最先进的船型设计

中国沙船的船型设计，是世界上古代船舶中最先进的。

沙船在唐代出现于江苏崇明，它在宋代称"防沙平底船"，在元代称"平底船"，到了明代则通称"沙船"。它的载重量很大，一般为 4000 石到 6000 石（约合 500 吨到 800 吨）。沙船活跃在沿江沿海以及远洋航线上，是中国古代非常重要的一种航海木帆船。

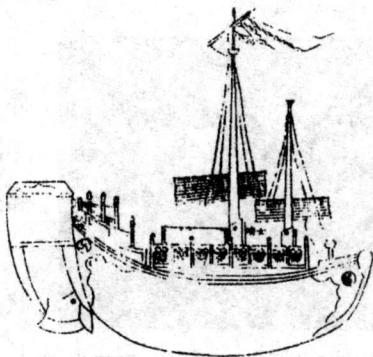

沙船图

沙船的船型特点主要是：平底、多桅、方头、方艄，这种船型在性能上的优点是：第一，沙船底平能坐滩，不怕搁浅，在风浪中也相当安全。尤其是风向潮向不同时，船因底平吃水浅，受潮水影响较小，比较安全。第二，多桅多帆，桅长帆高，便于使风，加之吃水浅，阻力小，轻便敏捷，快航性好。第三，方头方艄，甲板面宽敞，型深小，干舷低，采用大梁拱，使甲板能迅速排浪。而且，船宽初稳性大，又辅以各项保持稳性的设备，所以稳性最好。此外，沙船还有"出艄"，便于安装升降舵；有"虚艄"，便于操纵艄篷。

沙船上因有披水板（腰舵）、船尾舵和风帆的密切配合，顺风逆风均能行驶，适航性能好，在逆风顶水的情况下，能采取斜行的"之"形路线前进，这就是古籍中所说的"沙船能调戗（调戗，轮流换向）使斗风"。

沙船虽然在唐代定型，但其前身可以追溯到春秋战国时期，因此，沙船的船型已有 2000 多年历史了。而西方，直到公元 19 世纪出现钢、铁船舶以后，才采用这一先进的船型设计。

最早的生物防治

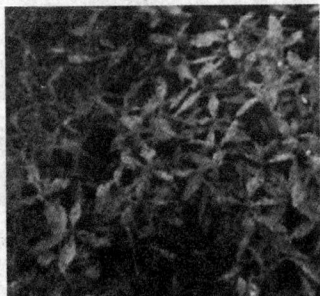

现代生物防治——水花生
叶甲对水花生的控制作用

生物防治农林植物的病虫害，是人们从生物界互相制约的现象中受到启发而创造出来的利用天敌防治害虫的方法。中国劳动人民很早就发明和运用了生物防治的方法。

1000多年前的晋代，嵇含就在《南方草木状》中记载："人以席囊贮蚁鬻（卖）于市者，其窠如薄絮囊，皆连枝叶，蚁在其中，并窠而卖。蚁赤黄色，大于常蚁。南方柑树若无此蚁，则其实（果实）皆为群蠹（害虫）所伤，无复一完者矣。"这是世界农学史上运用以虫治虫生物防治方法的最早记录。

公元九世纪，唐代的段成式也注意到我国南方有一种大蚁，结巢于柑树的果实上，果实因而长得非常好。稍后的刘恂在《岭表异录》中写道："岭南蚁类极多，有席袋贮蚁子窠鬻于市者，蚁窠如薄絮囊，皆连枝带。有黄色，大于常蚁而脚长者。云'南中柑子树，无蚁者，实都蛀'，故人竞买之，以养柑子也。"以后元、明、清等代的许多著作也均有类似记载。

经有关专家考证，嵇含和刘恂所说的那种能防治柑树害虫的蚁是黄猄蚁。黄猄蚁能捕食10多种柑树害虫，对于防治柑树的病虫害，效果十分显著。而且，跟施用化学药物相比，用黄猄蚁治虫可减少落果30％。此法至今仍为广东、福建一些地方的果农沿用。

美国哈佛大学教授威尔逊曾说："农业史上，黄猄蚁的利用是生物防治害虫最古老、最著名的例子。"中国对这一事实的记载是最早、最翔实的，国外19世纪后半叶才有这方面的记载。

最早的水密隔舱

水密隔舱是用隔板把船体严密分隔成若干个互不连通的舱室。这样，船只在航行途中，即使一舱两舱破损，也仅限于这一舱两舱进水，而不致全船沉没，从而大大提高了船舶的抗沉性能。

据南朝《宋书》记载，晋代农民起义军有一种八槽舰，有人认为它是具有八个水密隔舱的战船。这一点虽然还没有得到确切的证明，但当时的确已具备了制造水密隔舱的条件。

1960 年在江苏扬州出土的唐代木船即设置有水密隔舱，这是世界上目前所发现的最早的水密隔舱。

宋元时期，中国船舶已普遍设置了水密隔舱，大船内隔有数舱乃至数十舱。当时，我国船舶的水密隔舱蜚声中外，许多外国人提到中国船，都称赞它的水密隔舱和良好的抗沉性能。而西方船只，公元 18 世纪才有了水密隔舱。

水密隔舱

最早利用浮力进行水下打捞的活动

中国北宋时期打捞沉没在黄河中的铁牛时，在世界上最早采取了利用浮力进行水下打捞的技术。

1200 多年前，在山西蒲州附近有座横跨黄河的蒲沁浮桥，这是当时的重要渡口。浮桥是用一根巨大的铁链，将许多浮船串联在一起而形成的。铁链分别系在黄河两岸沙滩上 8 个巨大的铁牛身上。

北宋治平元年至四年（1064—1067）间，蒲沁浮桥被洪水冲垮，两岸上的铁牛也被冲入河中，深陷于河底。当地官府对此束手无策，只好发出告示，征求打捞铁牛的办法，一个叫怀平的僧人出面解决了这个难题。

怀平指挥人们先是用土装满两条大船；接着把绳索的一端拴在船上，并派人潜入水中将绳索的另一端系在河底的铁牛上；然后，怀平让人们把船上的土卸下去。于是，船在水中便越浮越高，船只上浮的力量，将河底的铁牛提升起来。这时，再把船慢慢驶向岸边，铁牛被拖到浅水区，人们便把铁牛搬上了岸。

怀平发明的这种利用浮力进行水下打捞的技术，至今仍在国内外沿用着。

铁牛

最早发现和利用石油的国家

中国是世界上最早发现和利用石油的国家之一。

我国古代较早发现石油的地方有三处，即今陕西延安、甘肃酒泉、新疆库车附近。其中以延安地区为最早。《汉书·地理志》记载："高奴，有洧水"，人们"接取用之"。高奴在今延安一带，洧水是延河的一条支流。此处说的可燃之物，就是漂浮在洧水水面上的石油。这里不但记载了约 2000 年前在陕北地区发现了石油，还认识到石油的最重要性质——可燃性。

比发现陕北石油的时间稍晚，约 1700 年前人们在甘肃酒泉地区发现了石油；约 1100 年前，又在新疆库车一带发现了石油。

石油在古代曾被称为石漆、石脂水、猛火油、火油、石脑油、石烛等等。北宋科学家沈括在《梦溪笔谈》中首先使用了"石油"的名称，指出"石油至多，生于地中无穷"，并预言"此物后必大行于世"。

中国古代不仅很早就发现了石油，而且很早就开始了对石油的利用。

中国古代认识到石油的可燃性后，即将它用于照明。唐、宋以来，陕北人民已能利用含蜡量极高的固态石油制作蜡烛，称为"石烛"。明代的《格古要论》还记述了陕北人民将石油煎制后用于点灯的情形，说明中国最迟在 400 年前已经发明了从石油中提炼灯油的技术。这是石油加工和应用上的一个重大进步。

北宋科学家沈括，曾发明用石油烟炱制墨的工艺。这是中国古代石油利用的一个独特方面，也是世界上以石油造炭墨的开始。古代曾把石油当作药物来杀虫治疮。从公元 6 世纪起，史籍中不断有石油用于军事的记载。此外，中国古代还把石油用作润滑剂、防腐剂、黏合剂等。

最早的太阳能利用

现在，人类面临着实现经济和社会可持续发展的重大挑战，在有限资源和环保严格要求的双重制约下发展经济已成为全球热点问题。而能源问题是其中更为突出的一环，于是人们纷纷把目光转向了太阳能。太阳能是各种可再生能源中最重要的基本能源，生物质能、风能、太阳能、海洋能、水能等都来自太阳能，广义地说，太阳能包含以上各种可再生能源。太阳能作为可再生能源的一种，则是指太阳能的直接转化和利用。

我们地球所接受到的太阳能，只占太阳表面发出的全部能量的二十亿分之一左右，这些能量相当于全球所需总能量的 3 万~4 万倍，可谓取之不尽，用之不竭。尽管从 1615 年法国工程师所罗门·德·考克斯在世界上发明第一台太阳能驱动的发动机算起，将太阳能作为一种能源和动力加以利用，只有300 多年的历史。但早在很久以前，人们就一直在努力研究利用太阳能。

阳燧

周代，中国人民即能利用凹面镜的聚光焦点向日取火。这是世界上对太阳能的最早利用。

古代的取火方法是逐步发展的。最初是利用自然火种，继之是摩擦取火和燧石取火，再进一步，则是利用太阳能取火。周代，中国人民发明并使用了"阳燧"（即凹面镜）。阳燧也称"夫燧"。我国古代称取火的工具为燧，所以"阳燧"的意思就是利用太阳光来取火的工具。《周礼·秋官司寇》说："司烜氏掌以夫燧取明火于日。"《淮南子·天文训》说："故阳燧见日，则燃而为火。"

古代利用阳燧取火的方法，一说是用金属制成的尖底杯，放在日光下，使光线聚在杯底尖处，杯底置艾绒之类，遇光即能燃火；另一说是用铜制的凹面镜向着日光取火。天津市艺术博物馆今收藏着一件汉代阳燧，是中国现存最早的阳燧。它直径8.3厘米，厚0.3厘米，用青铜铸造而成，很像一面小铜镜。这件阳燧有一个非常光滑的凹球面，可以将太阳射来的光线反射聚成一个焦点。

凹面镜的焦点是阳燧取火的光线集中处，《墨经》中曾把凹面镜的焦点称为中燧。这表明，周代人们对利用凹面镜的聚焦特性向日取火，即利用太阳能取火已经有了一定的理性认识。

最早的人工磁化技术

中国很早就发现了天然磁石能够指示南北的特性。战国时期，就利用天然磁石制成指南工具——司南。到了宋代，又进而掌握了人工磁化技术，并制成人工磁体——指南鱼和带有磁性的钢针。

北宋初年的《武经总要》前集卷15中，载有制指南鱼的人工磁化技术："用薄铁叶剪裁，长二寸、阔五分，首尾锐如鱼形，置炭火中烧之，候通赤，以铁铃铃鱼首出火，以尾正对子（北）位，蘸水盆中，没尾数分则止，以密器收之。"从现代物理学知识来看，这是一种利用强大地磁场的作用使铁片磁化的方法。把铁叶鱼烧红，趁热夹出，顺南北方向放置，可使它内部处于活动状态的单元小磁体——磁畴，顺着地球磁场方向排列，达到磁化的目的。蘸入水中，可使它迅速冷却，把磁畴的规则排列较快地固定下来。"没尾数分则止"，就是让铁叶鱼"正对子（北）位"的鱼尾略为向下倾斜，增大磁化的程度。

指南鱼

北宋的《梦溪笔谈》卷24记载了另一种人工磁化技术："方家以磁石摩针锋，则能指南。"这种用天然磁石摩擦钢针的方法，从现代物理学知识来看，就是以天然磁石的磁场作用，使钢针内部的磁畴由杂乱排列变为规则排列，从而使钢针显示出磁性来。

上述两种人工磁化技术，是世界上有文字记载的最早的人工磁化技术。它们是中国古代劳动人民通过长期的生产实践和反复多次的试验而发明的，这在磁学和地磁学的发展史上是一个飞跃。尤其是用天然磁石摩擦钢针显示磁性的方法，既简便又实用，在19世纪现代电磁体出现以前，几乎所有的指南针都是采用这种人工磁化方法制成的。

最早开采和使用煤的国家

中国是世界上最早开采和使用煤的国家。在欧洲，公元315年才有关于煤的文字记载，比我国的文字记载晚了约800年；英国在公元13世纪才开始采煤，比中国晚了约1400年。

西汉是中国最早开采和使用煤的时期。

煤的颜色黝黑，状似石头，因而在古代有"石涅"、"石炭"、"石墨"、"乌金石"、"黑丹"等名称。成书于春秋末战国初（约公元前五世纪）的《山海经·五藏山经》说，"女床之山"、"女几之山""多石涅"。女床之山在今陕西，女几之山在今四川，说明当时这些地区已经发现了煤，这是我国关于煤的最早记载。

西汉时，中国开始开采煤矿并将煤用作燃料。《史记·外戚世家》记载汉

煤矿开采

文帝即位那年，即公元前180年，窦太后之弟"窦广国……为其主人入山作炭"。"入山作炭"就是进山采煤。当时还发生了"岸崩"（塌方）事故，"岸下百余人""尽压杀"，说明采煤的规模已经不小。解放以后，在河南巩县铁生沟和郑州古荥镇等汉代冶铁遗址中，又发现了用于冶炼的煤块以及用煤末掺合黏土、石英制成的煤饼。由此可以推算，煤用作冶炼燃料应该比一般燃料晚，使用煤饼又要比使用煤块晚。可见，西汉使用煤已有较长的时间。

北魏郦道元《水经·河水注》引释氏《西域记》中，有我国古代用煤冶铁的最早记载："屈茨北二百里，有山……人取此山石炭，冶此山铁，恒充三十六国用。"屈茨即龟兹，在今新疆库车县内，那里冶炼的铁，可供当时新疆一带的36个国家使用，足见采煤冶铁的规模相当可观。

北宋末年，中国开始大规模开采和广泛使用煤。煤已较为普遍地用于冶铁和制瓷的燃料，有的地方煤还代替了柴草，成为城镇居民生活的主要燃料。宋代的煤矿开采，已有了一套比较完整的技术。明代的采煤技术，得到了进一步发展，已出现了排除瓦斯和防止矿井塌陷的措施。

第一台双水内冷气轮发电机

汽轮发电机组

中国上海电机厂于1958年制造的12000瓦双水内冷汽轮发电机，是世界上第一台定子、转子双水内冷汽轮发电机。

汽轮发电机是火力发电站的主机之一，它由两个主要部分构成：静止不动的部分，称为定子（或称静子）；随同汽轮机高速旋转的，称为转子。转子和定子里面都嵌有导线外面包着绝缘层的线圈。发电机发电时，由于强大的电流通过导线，导线就会发热，包扎在导线外面的绝缘层的温度就会升高。为了提高发电机的发电能力，需用冷却的方法为线圈散热。

"内冷"是冷却的方法之一，即把线圈导线做成凹凸形或空心的让风直接吹到铜线上，对线圈进行直接冷却。用来冷却的气体，开始是空气，后来改用氢气。20世纪50年代又出现了液体内冷，其中以水的冷却能力为最高。国际上第一次出现水内冷是在1956年。当时的水内冷只是用在定子上。对于转子水内冷，在国际文献上虽然有过讨论，但由于某些重大技术问题难以解决，在1958年以前，世界上还没有哪一个国家实际采用过这种冷却方法。

上海电机厂在有关单位科学技术人员的协助下，首先攻占了这个技术堡垒。这个重大创造，把中国汽轮发电机的制造技术大大推进了一步，迎头赶上甚至超过了世界先进水平。

最早的船坞

船坞是停泊、修理或建造船只的地方。中国北宋神宗熙宁年间（1068 - 1077），黄怀信主持修建的金明池船坞，是世界上最早的船坞。

金明池在今河南省开封城西，是北宋政府操练水军的地方。北宋开国之初，吴越王钱俶向朝廷进献了一条长 20 余丈、上建楼台殿阁的大龙舟。后来船底损坏，神宗诏令修复，宦官黄怀信承接了这项工程。

偌大的龙舟，是根本无法在水里修复，但要拉上岸来修复也难以办到。据沈括《梦溪笔谈》记载，黄怀信命民夫在金明池以北挖了一个大池塘，塘底竖立木桩，桩上架梁，然后引水入塘，将顺水而来的大龙舟架空在梁柱上，再排出塘中的水，这样，龙舟的船体便完全暴露出来，工匠在船舱或船下进行修复工作，都很便利。龙舟修复后，再向塘中注水，将龙舟浮起，引出池塘。

船坞的发明对于修理、建造船舶事业的发展具有重要影响。中国宋代的航海事业比较发达，是与船坞的发明分不开的。在欧洲，公元 1495 年英国才在朴次茅斯建造了第一个船坞，比中国晚了 400 多年。

最早的温室栽培

公元645年12月9日（唐贞观十九年十一月庚辰日），唐太宗从辽东返回长安，途经易州。易州司马命百姓于地下室蓄火种植蔬菜，进献御前。唐太宗非但没有褒奖易州司马，反而说他一心钻营媚上，浪费了民力财力，一怒之下将其罢官。这个倒霉的司马因丢了乌纱帽而"留名青史"，可他却拥有了中国领先于世界的一项农业技术——温室栽培。

温室栽培首次在中国历史上出现时，给700多人带来了杀身之祸。那时，秦始皇一统天下，一班儒生对他的统治颇多指责，令他十分不快。一年冬天，他在骊山脚下种瓜，结出了果实。秦始皇让这些儒生亲自去骊山观看这个"奇迹"，儒生们一到那里，就被乱箭射死，700多人无一生还。

骊山脚下温泉众多，秦始皇种瓜利用了这个有利条件。而真正称得上开始运用温室栽培的，大概还得算西汉。当时宫廷中为了在冬季能吃到新鲜的蔬菜，在房屋里种上葱、韭菜及其他蔬菜，然后燃烧成捆的茅草来提高室内温度，并获得了成功。当时还有一种"四时之房"，在这种温室中培育的不仅是蔬菜，还包括各种"生非其址"的"灵瑞嘉禽，丰卉殊木"。

温室栽培

东汉时也有温室栽培技术，时人认为这种技术就是"郁养强孰"。与以前不同的是，东汉的温室是

"言火其下，使土气蒸发，郁暖而养之，强使先时成熟也"。也就是利用加热土壤的办法。这种方法沿用到唐代，并且导致了易州司马的悲惨命运。

秦汉以后，温室被广泛地运用于花卉和水果的反季节栽培，这其中最有名的当属堂花术。堂花术又称唐花术，方法是用纸做成房子，房中有沟，在沟中倒上热水，再施上牛粪、马尿和硫黄，不仅可以增加土壤的肥力，还能提高室温。这种栽培方法在当时被看做是一种"足以侔造化，通仙灵"的奇迹。

用温室来催生非应季的菜蔬还不算难事，而要用来移植就不太容易了。汉代长安所建的扶荔宫可能就是一处移植荔枝的温室，尽管经过多次移栽，最终还是以失败告终。唐代设有温汤监，专门负责利用温泉进行蔬菜瓜果的促进栽培，唐代宫廷很有可能也将此项技术用于种植橘树。同汉代一样，这种尝试也极不成功。仅有一次，大概因为树种及气候的缘故，居然结出了150余个果子。虽然其余都未能成活，但这150个果子也足以让人热血沸腾，因此皇帝马上将这些果子称为祥瑞。中国温室蔬菜领先欧美2000多年

虽然温室栽培好处多多，但人们接受起来还是比较困难。汉代就有人认为，温室蔬菜是"不时之物"，可能会对人体有害，于是朝廷一度下令禁止食用温室栽培出来的作物。汉元帝末年，管理宫廷供应的官员召信臣就以生产"非时之物"为理由，奏请撤销太官园温室。东汉永初七年（113年）邓皇后下令，宫室尽量避免用"或郁养强孰，或穿凿萌芽"的办法培育"不时之物"。为了减少"不时之物"的危害，仅留下几种作物继续培植，而其余的23种一律不许再种。

最早的酱油

酱油是把豆、麦煮熟，使其发酵然后加盐而酿制成的液体调味品。

酱油最早是由中国发明的。在距今 2000 多年前的西汉，中国就已经比较普遍地酿制和食用酱油了，此时世界上其他国家还没有酱油。但考虑到酱油和酱的制造工艺是极其相近的，而中国在周朝时就已发明了酱，所以酱油的发明也应远在汉代之前。

酱存放时间久了，其表面会出现一层汁。人们品尝这种酱汁后，发现它的味道很不错。于是此后便改进了制酱工艺，特意酿制酱汁，这大概就是最早的酱油的诞生过程。

制作酱油时，黄豆的蛋白质经发酵分解为氨基酸，其中的谷氨酸又会与盐作用生成谷氨酸钠。谷氨酸钠实际就是今天的味精，所以酱油具有一种特殊的鲜美味道。

《齐民要术》中提到"酱清"、"豆酱油"，有可能是酱油的最初名称。酱油是在酱坯里压榨抽取出来的，工艺在制酱基础上又发展了一步。

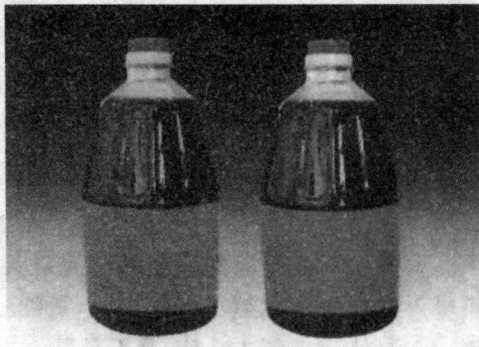

酱油

宋代始有酱油的文字记载。如林洪《山家清供》："柳叶韭：韭菜嫩者，用委丝、酱油、滴醋拌食。"但当时的酱油，不过是在制成清酱的基础上，原始地用酒笼——一种取酒的工具，滗出酱汁。做清酱与做一般豆酱的区别是，要不断地捞出豆渣，加水加盐多熬。滗酱汁时，将盛酱的酒笼置缸中，等生实缸底后，将酒笼中的浑酱不断地挖出来，使之渐渐见底，然后在酒笼上压一块砖，使之不浮起来。沉淀一夜后，酒笼中就是纯清的酱汁。用碗缓缓舀出，注进洁净的缸坛，在太阳下再晒半月，就是酱油。

按古人说法，自立秋之日起，夜露天降，深秋第一笼者，叫"秋油"，调和食味最佳。清《调鼎集》中，抄有"造酱油论"，其中列五则：

（1）做酱油越陈越好，有留至十年者，极佳。乳腐同。每坛酱油浇入麻油少许，更香。又，酱油滤出，入瓮，用瓦盆盖口，以石灰封口，日日晒之，倍胜于煎。

（2）做酱油，豆多味鲜，面多味甜。北豆有力，湘豆无力。

（3）酱油缸内，于中秋后入甘草汁一杯，不生花。又，日色晒足，亦不起花。未至中秋不可入。用清明柳条，止酱、醋潮湿。

（4）做酱油，头年腊月贮存河水，候伏日用，味鲜。或用腊月滚水。酱味不正，取米雹（米粒大冰雹）一二斗入瓮，或取冬月霜投之，即佳。

（5）酱油自六月起，至八月止，悬一粉牌，写初一至三十日。遇晴天，每日下加一圈。扣定九十日，其味始足，名"三伏秋油"。又，酱油坛，用草乌六七个，每个切作四块，排坛底四边及中心，有虫即充，永不再生。若加百倍，尤妙。

清代时，各种酱油作坊如雨后春笋，已有包括香蕈、虾子在内的各种酱油，当时已有红酱油、白酱油之分，酱油的提取也开始称"抽"。本色者称"生抽"，在日光下复晒使之增色、酱味变浓者，称"老抽"。

最硬的物质

天然金刚石是自然界中最硬的物质，是惟一摩氏硬度达到 10 的物质，是硬度仅次与它的刚玉的 140 倍，是石英的 1100 倍，其无与伦比的硬度可想而知，所以被誉为"硬度之王"。

需要指出硬度和脆性以及韧性是不同的概念。在物理学中，硬度是指物质抵抗外来机械作用（如刻划，压入，研磨）的能力。脆性是指物质受到外力冲击作用易破碎的性质。韧性和脆性正好相反，是指物质受到外力撞击作用不易破碎的性质。虽然钻石是自然界最硬的物质，但脆性大，受撞击易破碎。所以在佩戴时也要注意避免掉在地上或受到猛烈的撞击。

用金刚石粉琢磨后的透明金刚石又能呈现出极艳丽的色彩，因而成为世界上最昂贵的宝石，历代统治者都把它作为一种权势和富有的象征。现在，

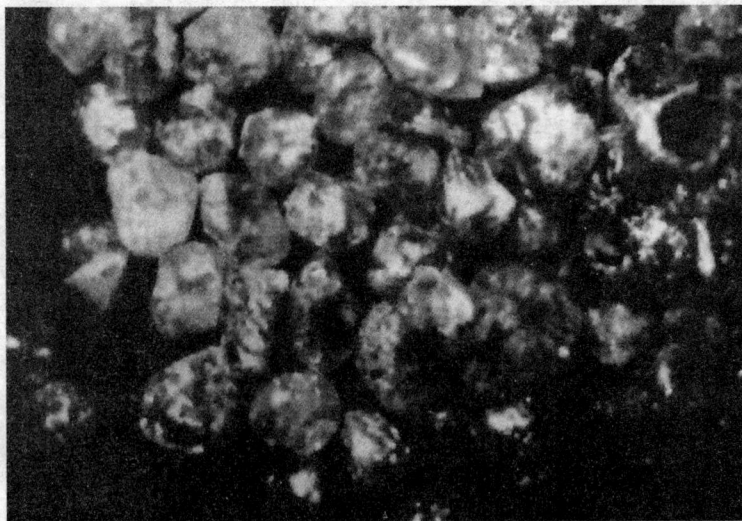

天然金刚石

在英国有一根象征皇权的英王权杖，杖上就镶有一颗称为"非洲之星"的世界上最大的钻石；在国王的王冠上，则镶有一颗象征至高无上皇位的世界第二大钻石。这两颗钻石就是用金刚石琢磨而成的。

1797 年，英国人坦南特经过研究，发现制造铅笔的石墨和金刚石一样，也是由纯碳组成的，它们的不同，是由于有不同的晶体结构。通过 X 光可以看到，在金刚石晶体中，碳原子排列成空间的棱锥形的结构，它的每一个方都有相同的硬度。而石墨中的碳原子排列成一片片平面的六角形结构，片与片的结合力微弱，所以石墨很容易裂成薄片。从那以后，科学家开始了用碳（石墨）制造人造金刚石的艰难历程，直到 1955 年这一愿望才初步得到实现。但是，金刚石现在的主要用处却不再是用来做宝石，由于它是人们已发现的一种最坚硬的物质，已被用来作为制作切割、钻孔、研磨等工具的非常重要的工业材料。

目前，金刚石年产量（包括天然和人造）已达 1 亿克拉（20 吨）以上。但令人惊讶的是，不管什么金刚石都是由碳原子组成的。碳可以说到处都有，但只要碳一成为金刚石，它就立即身价猛增亿万倍，连国王对它也会垂涎三尺。

最亮的光

世界上最亮的光当推激光，它比太阳光亮几亿倍。太阳与激光相比，好比是一盏小电灯，激光好比是正午的太阳。激光是一种最纯的光。平时我们看到的阳光是白色的。可是用一只小三棱镜对着阳光，却能看见一条五光十色的彩带。原来阳光的色彩并不纯，是由红、橙、黄、绿、青、蓝、紫七色组成的，而激光只有一种颜色，特别纯。

1960 年激光诞生，英文名称是 Laser，它是英语短语"受激发射光放大"中每个实词第一个字母组成的缩略词，它包含了激光产生的由来。它一出现就创造了许多奇迹，真可谓"一鸣惊人"。

激光和普通光一样，都是由于组成物质的原子中的核外电子跃迁而产生的、原子核外的电子，在吸收了外来的热能、电能、光能或化学能后，就会从低级能迁到高能级。而处于高能级的电子，又能把吸收的能量以光子的形式释放出来，重新回到低能级。不同的是，普通的光是电子自发地跳回到低能级时产生的，所以发光物质中各个原子发出的光就显得杂乱无章，发光时间有早有晚，方向也不一致，因而亮度不高。但激光却不同，处在高能级的核外电子，是在外来光的刺激下才跳回低能级而放出光子，这叫做受辐射发光——简称激光。

所有受激光发出的光都和刺激它的外来的光的步调是一致的，激光在传播中始终像一条笔直的线，

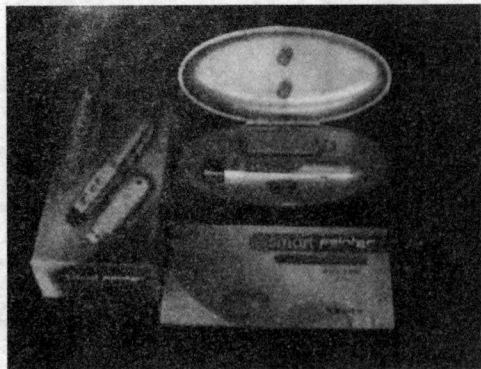

激光工具

不易发散，光强也可以保证。一束激光射出 20 公里远，光斑只有杯口那么大，就是发射到 38 万公里外的月球上，光圈的直径也不过 2 公里，在地球上看去，只是一个明亮的红点。利用激光的这一特性，科学家在 1962 年测出了地球与月球的精确距离。

激光具有穿透透明物质的能力，用它治疗眼睛效果特佳。我们知道，眼睛有个透明的外罩，即角膜，还有个血管交织的视网膜，当视网膜出了问题需要修补时，视网膜在眼球的后边，所以手术很难进行。这时如果请激光来帮忙，一切问题就会迎刃而解。

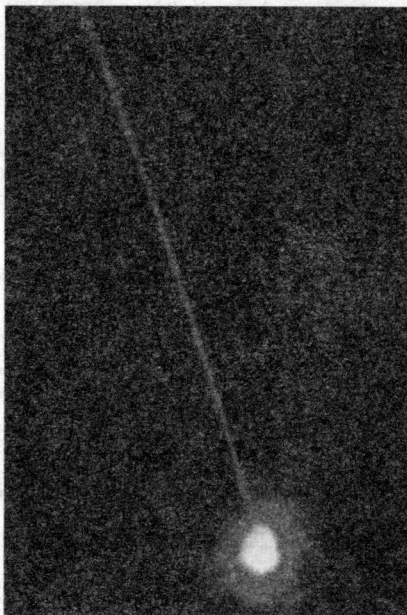

激光

1963 年，一位名叫弗林克的医生利用激光成功地做了视网膜手术，整个手术时间才几千分之一秒，病人甚至不需要麻醉，也不会感到痛苦。

激光的相干性很好，用透镜能把它聚集成极细的光束，在这束光的作用下，任何材料都会被烧熔、气化。总光能还不及一只 15 瓦灯泡点亮一秒钟发出的光能的激光束，就能将 1.5 米远处的一块厚约 2 厘米的钢板打出一个孔。

经过 30 多年的发展，激光现在几乎是无处不在，它已经被用在生活、科研的方方面面：激光针灸、激光裁剪、激光切割、激光焊接、激光淬火、激光唱片、激光测距仪、激光陀螺仪、激光铅直仪、激光手术刀、激光炸弹、激光雷达、激光枪、激光炮等等，相信在不久的将来，激光定会有更广泛的应用。

最小的电阻

电阻是所有电子电路中使用最多的元件。电阻的主要物理特征是变电能为势能，也可以说它是一个耗能元件，电流经过它就能产生热能。电阻在电路中通常起分压分流的作用，对信号来说，交流与直流信号都可以通过电阻。

电阻都有一定的阻值，它代表这个电阻对电流流动阻挡力的大小。各种材料都有电阻。如果将某材料做成长 1 厘米、截面 1 平方厘米的样品，则该样品的电阻就叫这种材料的电阻率。平时常用电阻率来表征材料导电的难易。良绝缘体的电阻率比良导体的要大 1025 倍。良导体有铝、铜、银等。在常温下银的电阻率最小，为 1.59×10^{-6} 欧姆·厘米。为了减少因电阻所损耗的电能，人们常用铝、铜、银这类电阻小的材料来做导线，以输送电能，或传递声音、图像等信息的电信号。

材料的电阻还会随着温度而变化。一般说来，温度越高，电阻越大；温度越低，电阻越小。起初，人们以为温度要降到绝对零度，电阻才会为零。后来才发现，不少材料的电阻在接近绝对零度的某个温度上就会降到零，此时材料就变成了没有电阻的超导体。第一次发现超导现象是在 1911 年。当时，翁纳斯在作低温条件下汞的电阻与温度关系的实验，他发现汞的电阻在略低于氦的沸点处，突然降至无可测量之值。后来，不少人重复了这类实验。由于在低温下导体失去电阻，撤去电源后，其中的电流仍可经久不衰。这种超导电流持续流动的最长纪录是 2 年，2 年中虽无电源补充电流仍长流不息，毫无减弱的迹荡。后来只是由于运输工人罢工，中断了液氦的供应，无法保持所要的低温，实验方告结束。利用超导体没有电阻的特点，可通以极大的电流，产生出极强磁场，以补常规磁铁的不足。世界上第一个超导磁铁，在超导现象发现了 50 年之后，于 1963 年方才问世，它可产生 10 万奥斯特的磁场。

最早的晶体管

1997年，《时代》周刊记者在评选年度风云人物的文章里写道："新泽西州，50年前的这个星期，1947年12月23日，当贝尔实验室两位科学家用一些金箔、一些半导体材料和一个弯曲的别针来展示他们的新发现时，数字化革命诞生了。同事们怀着好奇和羡慕，看着他俩演示这个被命名为晶体管的能使电流放大并能控制电流开关的东西。"

这两位科学家就是布拉顿和巴丁。在晶体管发明过程中起到最关键作用的还有另外一位科学家，他的名字叫肖克利。毕业于麻省理工学院的博士生肖克利，1936年来到贝尔实验室工作，与布拉顿合作研究项目。工作之余，他们常在一起讨论技术，希望能用研制一种取代电子管的新器件。

二战结束后，巴丁也加入了肖克利研究小组，把目光集中在具有半导体特性的晶体。肖克利提出了研究框架，巴丁熟知固体物理学理论，布拉顿最擅长实验操作，三位科学家珠联璧合。1947年圣诞节前夕，布拉顿和巴丁已经用实验证明，只要两根金属丝在半导体上的接触点距离小于0.4毫米，就可能引起放大效果。布拉顿以精湛的实验技艺，在三角形金箔上划了一道细痕，恰到好处地将顶角一分为二。他们以弯曲的别针做导线，使金箔压进了一块半导体晶体表面。

电流表的指示清晰地显示出，他们已经得到了一个有放大作用的新电子器件。布拉顿在笔记本上写道："电压增益100，功率增益40……"肖克利闻声而至，作为见证者，他在这本笔记上郑重地签了名。这种器件被他们命名为"晶体管"。

1948年，美国专利局批准晶体管发明专利。然而，专利证书只列着布拉

贝尔实验室

顿和巴丁。肖克利毫不气馁，在同伴成功的激励下继续研究，在一年之后发明了一种"结型晶体管"，成为现代晶体管的始祖，有人诙谐地叫它"肖克利坚持管"。不久，各种型号的晶体管纷纷涌现，不仅能替代电子管整流、检波和放大，而且比电子管体积小、寿命长、不发热、耗电省。为此，肖克利、布拉顿和巴丁分享了1956 年诺贝尔物理奖。

贝尔实验室支持肖克利小组发明晶体管，最初目的是为了改进电话继电器。因此，晶体管的第一个商业应用，是用它来改装新型继电器。1954 年，第一台晶体管手提式收音机问世，50 年代后期风靡一时。

这之前的美国《纽约时报》曾用 8 个句子的篇幅，简短地公布贝尔实验室发明晶体管的消息。它就像 8 颗重磅炸弹，在电脑领域引来一场晶体管革命，电子计算机从此将大步跨进了第二代的门槛。

1955 年，贝尔实验室研制出世界上第一台全晶体管计算机 TRADIC，装有 800 只晶体管，仅 100 瓦功率，占地也只有 3 立方英尺。1997 年，TRADIC 项目成员莫瑞·欧文还因此获得美国计算机历史博物馆斯蒂比兹先驱人物奖。

最精密的天平

位于德国哥廷根市的赛多利斯股份公司成立于 1870 年，是世界著名的过程技术和实验室仪器的供应商，是称量技术、生物过滤技术的市场领导者，为制药、化工、食品饮料行业的生产和研发提供全套的解决方案，它的创始人夫洛连兹·赛多利斯被誉为"世界天平之父"。赛多利斯在 110 多个国家设立了分支机构或办事处，生产基地遍布美洲、东欧、亚洲等地。

一个多世纪以来，赛多利斯公司一直在不断地创新和改进称量技术，始终走在称量技术发展的最前沿：发明了第一台铝制短臂分析天平（1870）；第一台精度达一亿分之一克的超微量天平，于 1971 年被载入《吉尼斯世界纪录大全》，创造了世界最高精度的纪录，并一直保持至今；应用 40MHz 高速微处理技术的电子天平（1990）；超级单体传感器，在德国、美国和瑞士等国家都取得了专利（1998）德国生产的 4108 型超微天平能测量的物体最轻达 0.5 微克，其精确度可达 0.01 微克，这相当于本页纸中一个句号所用墨水重量的 1/60。

赛多利斯公司投入大量研发资金在新技术、新工艺上，创造了一系列世界之最。发明了机械天平的三大核心技术：光学读数、空气阻尼和自动加码；第一台商用电子秤；第一片电子天平专用

赛多利斯天平

CPU；第一台防爆秤；第一台双频金属探测仪；第一只减少70%元件的超级单体电磁力补偿传感器；第一只采用"溅射"工艺加工的应变式传感器；第一块模块化可编程仪表；第一台测量速度达到每分钟600件的动态检重秤……赛多利斯的一次次技术革命树立了一块块里程碑。

目前，赛多利斯的产品遍布世界各地，获得了很高的声誉。从居里夫人实验室到美国宇航局，从中国国家计量院的基准天平到北京大学国际奥林匹克化学竞赛天平，无一不凝结着赛多利斯对高科技发展的贡献。

最早的望远镜

望远镜的问世，延长了人们的视线，开阔了眼界。随着科学技术的发展，特别是近年来望远镜与电子技术、X射线技术、γ射线技术、计算机技术的紧密结合，使望远镜的聚光能力、分辨率、观测距离、放大本领增大，极大地提高了望远镜的观测水准。那望远镜又是怎样发明出来的呢？

17世纪初，荷兰眼镜匠利珀希的三个儿子玩耍废眼镜时，发现用凹凸两面镜重叠可看到远处的景物。利珀希受此启发，制成了用作玩具的"窥视镜"，并获得了政府的专利。

1608年荷兰人李普塞设计了第一架单筒望远镜，并首次制造成功。意大利天文学家和物理学家伽利略得知后，就自制了一个，将只能扩大3倍改进为扩大8倍，第一次将望远镜对准了天空，并亲手绘制了第一幅月面图。

1610年1月7日，伽利略发现了木星的四颗卫星，为哥白尼学说找到了确凿的证据，标志着哥白尼学说开始走向胜利。借助于望远镜，伽利略还先后发现了土星光环、太阳黑子、太阳的自转、金星和水星的盈亏现象、月球的周日和周月天平动，以及银河是由无数恒星组

伽利略的望远镜

成等等。这些发现开辟了天文学的新时代。这也是望远镜在科学研究中第一次很有的价值的应用，因而被称为"伽利略望远镜"。

发明望远镜的消息很快传遍了欧洲，激起了德国的天文学家开普勒对其进一步的研究。1611 年，他在《屈光学》里提出了另一种天文望远镜，与伽利略的望远镜不同，他把作为目镜的凹透镜变为凸透镜，制成用两块凸透镜构成的"开普勒望远镜"。但开普勒没有制造他所介绍的望远镜。沙伊纳于 1613 年——1617 年间首次制作出了这种望远镜，他还遵照开普勒的建议制造了有第三个凸透镜的望远镜，把两个凸透镜做的望远镜的倒像变成了正像。这种望远镜中间有实像平面，又有明显的视场边界，能用于瞄准、定位和测量。1897 年在耶凯天文台美国建成并安装了这种天文望远镜，直径为 101.6 厘米，重 2130 公斤，为当时最大的折射式望远镜。

折射式望远镜色差较为明显，口径不宜太大，若口径增大，透镜的重量就会增大。而且易形变，难以保证质量，这就影响了望远镜的性能。为了克服这些问题，1668 年牛顿曾亲自设计了第一架反射式望远镜，目镜是一个凹透镜，物镜是球面反射镜，它的放大本领为 30 ~ 40 倍。目前世界上最大的光学望远镜都是反射式的，17 世纪至今，科学家们对天文望远镜研究主要着眼于增大口径，在一定的意义上，天文望远镜的发展史就是不断增大物镜口径的历史。

最早的显微镜

显微镜是人类各个时期最伟大的发明物之一。在它发明出来之前，人类关于周围世界的观念局限在用肉眼，或者靠手持透镜帮助肉眼所看到的东西。

显微镜把一个全新的世界展现在人类的视野里。人们第一次看到了数以百计的"新的"微小动物和植物，以及从人体到植物纤维等各种东西的内部构造。显微镜还有助于科学家发现新物种，有助于医生治疗疾病。

最早的显微镜是 16 世纪末期在荷兰制造出来的。1590 年荷兰有一位名叫江生的少年，父亲是一位眼镜师，因而镜片就成了他平时经常摆弄的玩物。一天，他无意中把两片大小不同的凸透镜重叠在一起，当移动至适当的距离时，突然发现很小的东西一下子被放大了好多倍。这一不寻常的发现可把他乐坏了。他把这个奇异的现象告诉了父亲，父子两人随即动起手来，做成了两个不同口径的铁片筒，把它装在大铁筒里，使其能自由滑动，用以调整两个透镜的距离，然后外面再套上一个大铁筒。就这样，世界上最早的显微镜诞生了。

显微镜用于科学研究，是 17 世纪的事。最早将显微镜用于科学研究工作的人，是伽利略。1609 年伽利略访问威尼斯，听到有关望远镜的消息，他返回帕多瓦后，即自行研制望远镜用于天文学的研究，并取得了许多成就。他也试图研究制造显微镜，却远没有望远镜成功，因为放大倍数太小，应用价值不大。意大利人马尔皮基（1628—1694）首先把显微镜用于生物物体组织结构的观察，是组织学、胚胎学的先驱。他于 1661 年发表通过显微镜研究得到的最初成果，证实了毛细血管的存在，这一发现填补了哈维血液循环学说的空白，使之更为完整。

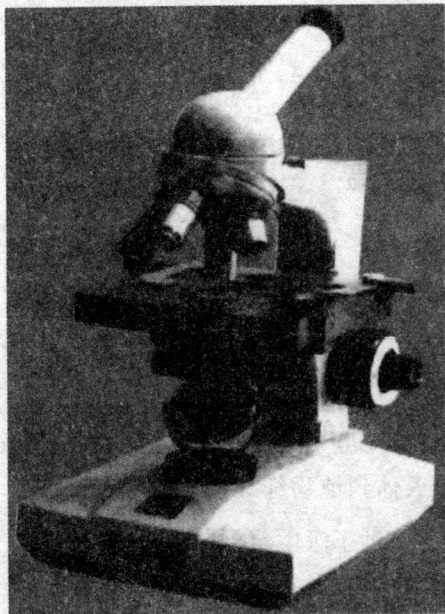

1665 年，英国物理学家胡克自制了一架由上下两块透镜组成的可放大 140 倍的复合显微镜，形成了显微镜的基本型制。胡克用这架显微镜第一次发现了细胞，"cell"一词即为他所定名，一直沿用至今。今天我们可以在英国伦敦科学博物馆看到这架显微镜。

荷兰科学家雷文虎克是一位体魄强健、性格坚定、目光敏锐，而又具有永不满足的好奇心与锲而不舍的进取精神的长寿学者。他第一次发现了血液里的血液细胞和生物王国中神奇

显微镜

多彩的微生物世界。在他 90 多年的生涯中，制造并收集了 250 多个显微镜和 400 多个透镜，最高可放大 200~300 倍。他还应用显微镜进行许多精细的观察，如对肌肉组织和精子活动的观察，对微生物和红细胞的观察，并阐明了毛细血管的功能，补充了红细胞形态学研究等。从此，这一关系着人类生命与生活的重要学问——微生物学的研究开始步入了突飞猛进发展的新世纪。

1931 年，恩斯特·鲁斯卡通过研制电子显微镜，使生物学发生了一场革命。这使得科学家能观察到像百万分之一毫米那样小的物体。1986 年他被授予诺贝尔奖。

分辨率最高的电子显微镜

普通光学显微镜通过提高和改善透镜的性能，使放大率达到 1000 ~ 1500 倍左右，但一直未超过 2000 倍。这是由于普通光学显微镜的放大能力受光的波长的限制。光学显微镜是利用光线来看物体，为了看到物体，物体的尺寸就必须大于光的波长，否则光就会"绕"过去。理论研究结果表明，普通光学显微镜的分辨本领不超过 200 毫米，有人采用波长比可见光更短的紫外线，放大能力也不过再提高一倍左右。

要想看到组成物质的最小单位——原子，光学显微镜的分辨本领还差 3 ~ 4 个量级。为了从更高的层次上研究物质的结构，必须另辟蹊径，创造出功能更强的显微镜。

20 世纪 20 年代法国科学家德布罗意发现电子流也具有波动性，其波长与能量有确定关系，能量越大波长越短，比如电子学 1000 伏特的电场加速后其波长是 0.388 埃，用 10 万伏电场加速后波长只有 0.0387 埃，于是科学家们就想到是否可以用电子束来代替光波？这是电子显微镜即将诞生的一个先兆。

用电子束来制造显微镜，关键是找到能使电子束聚焦的透镜，光学透镜是无法会聚电子束的。1926 年，德国科学家蒲许提出了关于电子在磁场中运动的理论。他指出："具有轴对称性的磁场对电子束来说起着透镜的作用。"这样，蒲许就从理论上解决了电子显微镜的透

电子显微镜

镜问题，因为电子束来说，磁场显示出透镜的作用，所以称为"磁透镜"。

德国柏林工科大学的年轻研究员卢斯卡，1932年制作了第一台电子显微镜——它是一台经过改进的阴极射线示波器，成功地得到了铜网的放大像——第一次由电子束形成的图像。尽管放大率微不足道，仅为12倍，但它却证实了使用电子束和电子透镜可形成与光学像相同的电子像。经过不断地改进，1933年卢斯卡制成了二级放大的电子显微镜，获得了金属箔和纤维的1万倍的放大像。1937年应西门子公司的邀请，卢斯理建立了超显微镜学实验室。1939年西门子公司制造出分辨本领达到30埃的世界上最早的实用电子显微镜，并投入批量生产。

电子显微镜的出现使人类的洞察能力提高了好几百倍，不仅看到了病毒，而且看见了一些大分子，即使经过特殊制备的某些类型材料样品里的原子，也能够被看到。但是，受电子显微镜本身的设计原理和现代加工技术手段的限制，目前它的分辨本领已经接近极限。要进一步研究比原子尺度更小的微观世界必须要有概念和原理上的根本突破。

1978年，一种新的物理探测系统——扫描隧道显微镜已被德国学者宾尼格和瑞士学者罗雷尔系统地论证了，并于1982年制造成功。这种新型的显微镜，放大倍数可达3亿倍，最小可分辨的两点距离为原子直径的1/10，也就是说它的分辨率高达0.1埃。扫描隧道显微镜采用了全新的工作原理，它利用一种电子隧道现象，将样品本身作为一具电极，另一个电极是一根非常尖锐的探针，把探针移近样品，并在两者之间加上电压，当探针和样品表面相距只有数十埃时，由于隧道效应在探针与样品表面之间就会产生隧穿电流，并保持不变，若表面有微小起伏，哪怕只有原子大小的起伏，也将使穿电流发生成千上万倍的变化，这种携带原子结构的信息，输入电子计算机，经过处理即可在荧光屏上显示出一幅物体的三维图像。

鉴于卢斯卡发明了电子显微镜，宾尼格、罗雷尔设计制造扫描隧道显微镜的业绩，瑞典皇家科学院将1986年诺贝尔物理奖授予他们三人。

最早的温度计

温度计是测温仪器的总称。根据所用测温物质的不同和测温范围的不同，有煤油温度计、酒精温度计、水银温度计、气体温度计、电阻温度计、温差电偶温度计、辐射温度计和光测温度计等。

最早的温度计是在 1593 年由意大利科学家伽利略（1564—1642）发明的。他的第一只温度计是一根一端敞口的玻璃管，另一端带有核桃大的玻璃泡。使用时先给玻璃泡加热，然后把玻璃管插入水中。随着温度的变化，玻璃管中的水面就会上下移动，根据移动的多少就可以判定温度的变化和温度的高低。这种温度计，受外界大气压强等环境因素的影响较大，所以测量误差大。

后来伽利略的学生和其他科学家，在这个基础上反复改进，如把玻璃管倒过来，把液体放在管内，把玻璃管封闭等。比较突出的是法国人布利奥在 1659 年制造的温度计，他把玻璃泡的体积缩小，并把测温物质改为水银，这样的温度计已具备了现在温度计的雏形。以后荷兰人华伦海特在 1709 年利用酒精，在 1714 年又利用水银作为测量物质，制造了更精确的温度计。他观察了水的沸腾温度、水和冰混合时的温度、盐水和冰混合时的温度；经过反复实验与核准，最后把一定浓度的盐水凝固时的温度定为 0°F，把纯水凝固时的温度定为 32°F，把标准大气压下水沸腾的温度定为

伽利略像

212°F，用°F 代表华氏温度，这就是华氏温度计。

在华氏温度计出现的同时，法国人列缪尔（1683～1757）也设计制造了一种温度计。他认为水银的膨胀系数太小，不宜做测温物质。他专心研究用酒精作为测温物质的优点。他反复实践发现，含有 1/5 水的酒精，在水的结冰温度和沸腾温度之间，其体积的膨胀是从 1000 个体积单位增大到 1080 个体积单位。因此他把冰点和沸点之间分成 80 份，定为自己温度计的温度分度，这就是列氏温度计。

华氏温度计制成后又经过 30 多年，瑞典人摄尔修斯于 1742 年改进了华伦海特温度计的刻度，他把水的沸点定为零度，把水的冰点定为 100 度。后来他的同事施勒默尔把两个温度点的数值又倒过来，就成了现在的百分温度，即摄氏温度，用℃表示。华氏温度与摄氏温度的关系为°F = 9/5℃ + 32，或℃ = 5/9（°F—32）。

现在英、美国家多用华氏温度，德国多用列氏温度，而世界科技界和工农业生产中，以及我国、法国等大多数国家则多用摄氏温度。

随着科学技术的发展和现代工业技术的需要，测温技术也不断地改进和提高。由于测温范围越来越广，根据不同的要求，又制造出不同需要的测温仪器。下面介绍几种。

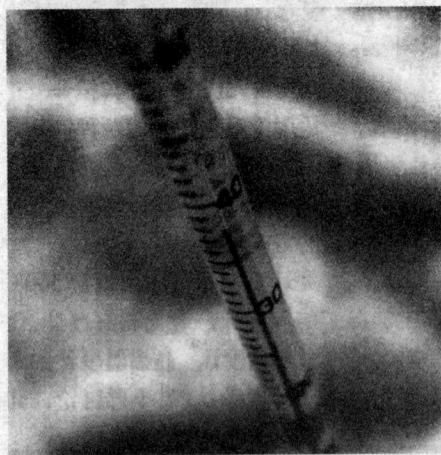

温度计

气体温度计多用氢气或氦气作测温物质，因为氢气和氦气的液化温度很低，接近于绝对零度，故它的测温范围很广。这种温度计精确度很高，多用于精密测量。

电阻温度计分为金属电阻温度计和半导体电阻温度计，都是根据电阻值随温度的变化这一特性制成的。金属温度计主要有用铂、金、铜、镍等纯金属的及铑铁、磷青铜合金的；半导体温度计主要用碳、锗等。电阻温度计使用方便可靠，已广泛应用。它的测量范围为 – 260℃ 至 600℃左右。

温差电偶温度计是一种工业上广泛应用的测温仪器。利用温差电现象制成。两种不同的金属丝焊接在一起形成工作端，另两端与测量

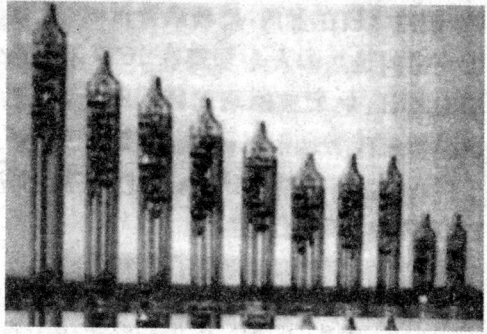

伽利略温度计

仪表连接，形成电路。把工作端放在被测温度处，工作端与自由端温度不同时，就会出现电动势，因而有电流通过回路。通过电学量的测量，利用已知处的温度，就可以测定另一处的温度。这种温度计多用铜——康铜、铁——康铜、镍铬——康铬、金钴——铜、铂——铑等组成。它适用于温差较大的两种物质之间，多用于高温和低温测量。有的温差电偶能测量高达 3000℃ 的高温，有的能测接近绝对零度的低温。

高温温度计是指专门用来测量 500℃ 以上的温度的温度计，有光测温度计、比色温度计和辐射温度计。高温温度计的原理和构造都比较复杂，其测量范围为 500℃ 至 3000℃ 以上，不适用于测量低温。

最早发现自由落体定律的人

1564 年 2 月 15 日，伽利略出生于意大利的比萨城。他的祖辈是佛罗伦萨的名门贵族，父亲是音乐家，作曲家，多才多艺，而且还擅长数学，可是他却不愿意自己的儿子将来成为一名数学家或音乐家，希望他能成为一位医生。伽利略 11 岁时，进入佛罗伦萨附近的法洛姆博罗莎经院学校，接受古典教育。17 岁时，伽利略进入了比萨大学学医。然而，他以后的成就竟与医学毫无关系。在大学学习期间，他对医学兴味索然，却迷恋着数学，空闲时，就用自制的仪器进行自然科学实验。他深深感到："数理科学是大自然的语言。"为了学好这种语言，他决意献出自己的一生。

在学习过程中，伽利略表现出了独特的引人注目的个性，对任何事物都爱质疑问难。他不但指责学校的教学方法，而且还怀疑教学内容。尤其是对哲学家们所崇奉的那些"绝对真理"，他更想探明它们究竟包含什么意义，甚至对古希腊伟大的哲学家亚里士多德的主张也提出了质疑。

伽利略的学习动向和实验活动，引起了学校教授们的不满，因为一个学生要独立思考，简直是不折不扣的异端。而伽利略却常常用自己的观察、实验来检验教授们讲授的教条，对于伽利略"胆敢藐视权威"的狂妄举动，教授们不仅写信向伽利略的父亲告状，而且拒绝发给伽利略医学文凭，甚至给他警告处分，因此，伽利略被迫离开了比萨大学，成了一个所共知的学医失败者。

1585 年，伽利略回到佛罗伦萨，在家自学数学和物理，潜心攻读欧几里得和阿基米德的著作，1586 年写出论文《水秤》，1588 年写出《固体的重心》，从而引起了学术界的注意。1589 年，伽利略的母校比萨大学数学教授的席位空缺了，在友人的推荐下，他当上了比萨大学的数学教授。伽利略，这位年仅 25 岁的教授在完成日常教学工作外，开始钻研自由落体问题。

当时，亚里士多德的物理学占支配地位，是毋庸置疑的。亚里士多德认为：不同重量的物体，从高处下降的速度与重量成正比，重的一定较轻的先落地。这个结论到伽利略时差不多近 2000 年了，还未有人公开怀疑过。物体下落的速度和物体的重量是否有关系：伽利略经过再三的观察、研究、实验后，发现如果将两个不同重量的物体同时从同一高度放下，两者将会同时落地。于是伽利略大胆地向天经地义的亚里士多德的观点进行了挑战。

伽利略提出了崭新的观点：轻重不同的物体，如果受空气的阻力相同，从同一高处下落，应该同时落地。他的创见遭到了比萨大学许多教授们的强烈反对，他们讥笑着说："除了傻瓜外，没有人相信一根羽毛同一颗炮弹能以同样的速度通过空间下降。"对于亚里士多德的信徒们的挑战，性格倔强的伽

伽利略做自由落体时登上的比萨斜塔

利略毫不畏惧，为了辨明科学的真伪，他欣然地接受了这个挑战，决定当众实验，让事实来说话。

公开的"表演"地点在比萨斜塔。1590年的一天清晨，伽利略和他的助手不慌不忙，神色自如，在众人一阵阵嘘声中，登上了比萨斜塔。伽利略一只手拿一个10磅重的铅球，另一只手拿着一个1磅重的铅球。他大声说道："下面的人看清，铅球下来了!"说完，两手同时松开，把两只铅球同时从塔上抛下。围观的群众先是一阵嘲弄的哄笑，但是奇迹出现了，由塔上同时自然下落的两只铅球，同时穿过空中，轻的和重的同时落在地上。众人吃惊地窃窃私语："这难道是真的吗?"为了使所有的人信服，伽利略又重复了一次实验，结果相同。伽利略以雄辩的事实证明"物体下落的速度与物体的重量无关"，从而击败了亚里士多德的信徒们。

第三章

技术发明趣事

神奇的干细胞

一般来说，人体大概含有十的七次方的细胞。从细胞的功能来分，大概有200多种细胞。这些细胞从哪儿来？很奇妙，人体所有的细胞来自于一个细胞，就是受精卵。细胞受精以后就分裂了，两天以后就成为"三生胚"，这种细胞有变成别的细胞的潜力，这种细胞叫全能干细胞。全能干细胞会形成一个人体，这种细胞分成三层，叫外胚层、中胚层、内胚层，会形成不一样的细胞。当细胞发育到八天的时候，细胞的发育能力又进一步受到限制，只能发育成某一种类型的细胞，这时叫单功能的干细胞。多能干细胞的分化潜能、发育潜能更广一些，会形成三个胚细胞，单功能的干细胞只能形成一种细胞，就是造血细胞，造血细胞有红细胞、白细胞、血小板。干细胞有什么用处？首先，有了人的干细胞以后，可以开发新的药物。这种干细胞培养起来，加上一定的条件处理，就可以形成骨髓细胞，进行骨髓移植，可以治疗痴呆，可以进行心脏治疗，可以治疗心肌梗塞等。另外，干细胞在治疗肿瘤方面也有很大作用。

成体干细胞分离的应用前途也很广阔。比如一个人生了某种疾病，可以从他自己的身体里拿出一个干细胞，用一定的条件让它向某个方向发展，比如影响神经细胞，患者是痴呆或者中风，可以用他本身的细胞治疗他的中风，这样既没有伦理问题，也没有免疫排斥问题。

现在可以要什么基因有什么基因，但基因能否很好的整合或者插入到自己的基因组里去、能不能表达、产生的蛋白质够不够、产生蛋白质以后身体的反应会怎么样？都是基因的难题。干细胞治疗不存在这些问题。干细胞在目前的应用前景大大的光明于基因治疗，如果基因治疗跟干细胞结合起来，那就更是如虎添翼了。

寻找年轻之宝——肉毒杆菌

什么？肉毒杆菌！什么东西听起来这么吓人？嘿，可别先被这名字给吓着了，它可是目前正风靡美国的大名鼎鼎的青春之宝呢！

美国上流社会、好莱坞……总之，一切有爱美之心的人们中间就一直流传着这样一个热门话题：用肉毒杆菌毒素去除皱纹，使自己看起来更年轻。据说，有立竿见影的神奇疗效。

肉毒杆菌是一种致命病菌，在繁殖过程中分泌毒素，是毒性最强的蛋白质之一。军队常常将这种毒素用于生化武器。人们食入和吸收这种毒素后，神经系统将遭到破坏，出现头晕、呼吸困难和肌肉乏力等症状。可这种让人望而生畏的东西怎么会用于美容呢？

原来，科学家和美容学家正是看中了肉毒杆菌毒素能使肌肉暂时麻痹这一功效。医学界原先将该毒素用于治疗面部痉挛和其他肌肉运动紊乱症，用它来麻痹肌肉神经，以此达到停止肌肉痉挛的目的。可在治疗过程中，医生们发现它在消除皱纹方面有着异乎寻常的功能，其效果远远超过其他任何一种化妆品或整容术。因此，利用肉毒杆菌毒素消除皱纹的整容手术应运而生，并因疗效显著而在很短的时间内就风靡整个美国。

手术十分简单：将少量稀释过的肉毒杆菌毒素注入人体，毒素将在 24 至 48 小时内发挥作用，使面部肌肉暂时麻痹和停止收缩，从而达到拉紧面部皮肤，消除面部皱纹的目的。但要想一直保持面部光滑无皱纹，只打一针是不够的，因为毒素将慢慢失去效用。人们需要每 4 个月左右到医院去打上一支"毒针"才能常葆青春。

目前这种"毒素去皱"剂已经上市，由爱尔兰一家制药公司制造，取名为"Botox"和"Myobloc"。价格也很便宜：每剂 300 至 500 美元。

"Botox"以其简单廉宜而在全美受到热烈欢迎。据美国整容协会公布的数字，仅去年一年美国就售出 160 万剂"Botox"，销售额高达 3.09 亿美元，其受欢迎程度甚至超过了隆胸手术。据悉，好莱坞的许多明星已经广泛使用"Botox"去皱，其他爱美之人也开始尝试这种新型的去皱方式。

"这真是注射行业的一项奇迹，"美国整容协会会长马尔科姆·保罗称。亚特兰大的皮肤科医生哈罗德·布罗迪也说："这是对抗衰老行业的一个完美补充。"但他同时提醒人们，必须有专业的医生来进行手术，自己注射"Botox"针是十分危险的。

与美容界的一片喝彩声正相反，美国食品和药品管理局一直对这种"用毒药来美容"的做法表示震惊和强烈反感。它指出，将"Botox"这种有毒物质注射人体是十分危险的。可随着人们对"Botox"去皱手术的日益热衷，美国食品和药品管理局也在考虑改变初衷，允许"Botox"用于美容。如果"Botox"获准进入美容界，其火爆程度将不亚于伟哥。

导致精神分裂症的变异基因

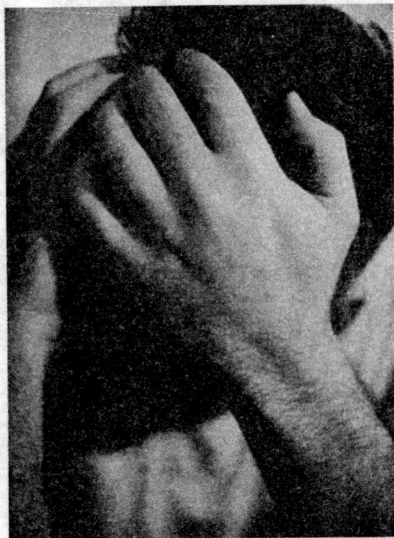

法国国家健康与医学研究所经过对众多精神分裂症患者第 22 号染色体的观察分析，终于发现了导致罹患精神分裂症的变异基因。法国专家称，他们的这项研究成果将有助于精神分裂症的预防和治疗。

法国专家介绍说，全世界大约 1% 的人口患有不同程度的精神性疾病。虽然过去对导致这种复杂的家族遗传性疾病的原因不甚了解，但对精神分裂症患者的观察显示，这些人大多在脑成熟后期出现了神经发育异常。由此，他们对众多患者的染色体进行了研究分析，结果发现，这些患者第 22 号染色体上的一个特殊基因均出现了变异。研究人员认为，正是这个基因变异导致人体脯氨酸代谢增多，而以前的动物试验表明，脯氨酸增多对神经元发育有不良影响。

法国专家表示，目前他们正在对精神分裂症患者血液中的脯氨酸浓度值进行研究，以确定脯氨酸导致精神分裂症的准确浓度值，其目的是对与患者有直接血亲关系的人，以及已表现出某些症状的儿童进行早期检查，通过化验其血液中脯氨酸浓度进行诊断，以尽早采取预防和治疗措施。专家们还特别指出，脯氨酸含量高是可以得到治疗的。

老而不衰，基因定夺

在"2002 年中国十大科技进展新闻"中，"北大医学部科学家初步揭开人类细胞衰老之谜"得以入选。有关专家认为：衰老是老年病百病之源，减缓衰老不仅可预防多种老年病，而且可节约大量的卫生资源和社会财富。但要推迟生物学意义的衰老，实现老而不衰，只有研究清楚了衰老的机理后，才能找到有效的抗衰老手段。

长寿与基因有关

中国中医研究院西苑医院陈可冀院士介绍说，多数老年生物学家认为每个个体的自然寿限是由遗传决定的，如将各类意外早死事件排除，人的生存年限与个体遗传学衰老变化密切相关。

美国波士顿儿童医院等部门的研究人员在 2001 年 8 月美国科学院学报（P. AS）上，报告了对 137 对 90 岁以上的同胞兄妹的基因组学特点的研究结果，发现在第 4 号染色体 D4S1565 位点上，有一条狭长的区域有可能存在有这种功能，其中可能包括几个长寿基因，且这些老人普遍没有 APOE－4 基因。但也有学者认为动物和人体不存在可直接控制衰老的所谓"长寿基因"，基因对寿命的影响是间接的。

北京大学医学部衰老分子机理研究室童坦君教授指出，近年来，研究人员从多个物种上找到了与衰老相关的基因。"衰老基因"的丢失或失活可使某些生物的寿命得以延长，但同时也带来了细胞永生化问题；"长寿基因"的突变可使物种寿命缩短。对线虫的深入研究表明，基因的确可影响生物的衰老及寿限。在人类衰老相关基因研究方面，美国科学家通过研究 308 名长寿老人血样品后发现，长寿老人的第四号染色体存在一段与常人不同的区域，该区约有 100～500 个基因，其中可能含有长寿基因。

从模式生物和人类早老综合征的研究结果得知，所谓的"衰老基因"、"长寿基因"或衰老相关基因大多是行使日常功能的基因。细胞衰老相关基因也不例外，有学者认为，抑癌基因与癌基因在诱导衰老方面起重要作用，但都有哪些途径诱导了细胞衰老，这些途径中哪条更重要等一系列问题目前尚不清楚。

P16 基因主导细胞衰老

名为"细胞衰老与基因功能状态相互关系的研究"在童坦君教授的主持下已经完成，这一研究在国内率先将分子生物学理念和技术引入衰老生物学研究，并首次揭示出了在细胞衰老过程中基因的不稳定性加剧和基因功能出现变化的现象与规律，特别是发现了细胞衰老主导基因 P16 影响衰老进程的机制及其调控方式。

P16 基因是一种细胞周期负调控因子，它通过抑制细胞周期蛋白质依赖激酶 CDK4 和 CDK6，使细胞周期阻滞于 G1 期，P16 基因在细胞衰老、肿瘤发生等中都具有十分重要的作用，它在人类细胞衰老过程中持续高表达，甚至高出年轻细胞的 10～20 倍。近年来国际上越来越多的学者认为 P16 基因是人类可分裂细胞中控制衰老进程的主导基因。但 P16 基因在衰老过程中为何高表达，高表达后又如何引起衰老的机理一直有待阐明。

童坦君教授领导的课题组以国际公认的细胞衰老模型——人二倍体成纤维细胞为主要对象，辅以动物整体实验，开展了"衰老生长时停滞现象的机理"、"基因结构与功能变化"和"细胞衰老主导基因 P16 的作用机理及其负调控研究"等多项实验研究。在有关 P16 基因的作用机理研究方面，研究人员将 P16 基因的重组载体导入人体纤维细胞，结果细胞衰老加快；但将其反义重组载体导入细胞后，抑制了 P16 的表达，结果细胞增殖能力增强，衰老速度减慢，D.A 损伤修复能力增强，与衰老有关的端粒缩短减慢，结果是细胞寿命延长了 20 代。

生命的意义

虽然有关衰老相关基因的研究不断取得进展，但目前这些成果还几乎没有真正可以实用的。陈可冀院士认为，延缓衰老或抗衰老的科学内涵应该着眼在提高人们的生命质量和生活质量，提高人们的活力。由于衰老与老年疾病密切相关，因此现阶段抗衰老在老年临床方面应贯彻预防胜于治疗的思想，有计划地动态监测老年人的健康信息，早期诊断，早期治疗，防患于未然，减少合并症与并发病。老年病的防治重点应放在老年心脑血管病事件、感染性疾病、肿瘤、糖尿病、骨关节疾病、视力和听力障碍等方面疾病，也包括前列腺病、抑郁症、痴呆、失眠及肥胖等常见病方面。一切针对衰老表现干预措施都应立足于改善老年人的健康和生命质量上，预防和减少与年龄增长相关的疾病及残疾，通过社会的关爱增进老年人在社会进步中的作用，减少被社会孤立的现象。合理的膳食营养，戒烟少酒，注意工作和家庭中的安全性、适当的体力活动、精神卫生及合理应用中西药等是改善老年人卫生行为，延年益寿的良方。

人类基因组学和蛋白质组学的进步无疑将极大地推进包括衰老机理研究和老年病防治在内的生命科学研究。生物信息学、生物芯片等多项技术为衰老基础研究提供了高水平的技术平台，我国有着极为丰富的遗传资源，通过应用大规模的基因测序技术等将使人类在探索衰老相关基因方面取得长足的进展。

干细胞和克隆成果不断

任何克隆都是从胚胎干细胞或外周干细胞（成年干细胞）演变而来，所以干细胞与克隆研究在今年可谓成果不断。

克隆动物

2002 年 7 月，台湾一对双胞胎克隆羊成功。这对克隆羊不仅是台湾岛内草食性动物克隆成功的首例，也是世界上以阿尔拜因成羊耳朵细胞为供核源克隆成功的首例。阿尔拜因乳羊原产地在法国阿尔卑斯山下的阿尔拜因村，产乳期长约 300 天，每日产乳高达 3.5 千克。

9 月，又有 3 头带有人类基因的克隆牛在阿根廷诞生，它们的细胞中含有人类生长激素基因，从其乳液中可以提取大量药用蛋白质，用以治疗儿童侏儒症。

10 月，我国第一头利用玻璃化冷冻技术培育出的体细胞克隆牛在山东诞生。在此之前，我国一直沿用的是鲜胚移植技术。10 月底又有一对双胞胎体细胞克隆奶牛顺利降生。接着，从 9 月至 10 月相继诞生 4 只带有医用蛋白的转基因体细胞克隆奶山羊，目前 3 只成活。它们的 DNA 中含有 β - 干扰素基因和转抗凝血酶素 I II 基因，将来可以在乳液中分泌 β - 干扰素基因和转抗凝血酶素 I II。

不过，用体细胞克隆动物已不是新技术，值得提及的是最近的一种克隆新技术。丹麦和澳大利亚研究人员发明了在显微镜下用极薄的刀片将卵子切成两半的技术。这个操作要切得恰到好处，使一半带有完整的细胞核，另一半只有细胞质。然后将两份只有细胞质的一半细胞融合在一起，构成一个相当于完整去核卵细胞的结构，再与需要克隆的动物的体细胞核结合，用电流刺激使其分裂发育，产生胚胎。

用这种方法产生的牛胚胎，有一半成功发育到胚泡的阶段，可以用来移植，成功率并不比现行的克隆技术低。研究者将 7 个胚泡移植到母牛的子宫里，6 个成孕，其中 3 个胚胎 150 天后仍在发育。而最近有报告说，一般移植后的牛胚胎通常只有 25％ 在受孕 30 天以后仍然发育。现在已经有一头用这种方法克隆的小牛在澳大利亚诞生。研究人员认为，用此法克隆出的小牛可能会比用以往技术克隆的更加健康，不过这一点还需要证实。

治疗性克隆如火如荼

2002 年 6 月，美国的两个研究小组报告了他们的成果。他们从实验鼠胚胎中取出胚胎干细胞，进行基因改造，使它们发育成所需要的神经细胞，再将这些细胞植入患帕金森氏症的实验鼠脑部，实验鼠的帕金森氏症症状明显减轻，并存活了 2~3 个月。当然，这并不意味着马上可以进行人体试验。因为还有相当大的难题，比如，如何防止干细胞在人体内不断增殖而发展成肿瘤。

明尼苏达大学医学院的研究人员称，他们从实验鼠和人的骨髓内提取出一种特殊的干细胞，命名为"多能成体祖细胞"。这类细胞植入实验鼠胚胎后，参与了几乎所有机体组织的发育，分化成了各种类型的细胞。不过，这种干细胞分化成肝脏细胞相对容易，但要分化成心脏细胞则较困难。

同是 6 月，澳大利亚的研究人员说，他们培育出了功能完备的胸腺。胸腺是心脏附近的器官，它在人体进入青春期后处于休眠状态。被视为世界上首次从干细胞培育出完整器官。重新启动处于休眠状态的胸腺能够重新修建已被损坏的免疫系统，对人体的健康和防病极为重要。

国内的研究人员也不甘落后，我国科学家在一只身长不足 5 厘米、体重不过 20 克的裸鼠背上培育出了 1 厘米长管状的兔子尿道。研究人员从兔的膀胱组织分离出种子细胞（干细胞），然后在体外培养和规模化扩增，分别接种到预制成尿道形状的一种可降解的胶原膜生物支架材料上培养成。这一成果可用于人体再造"尿道"。

另外，美国研究人员还证明，把经过处理的克隆牛干细胞移植入牛身上的适合部位，能逐渐发育生长成具有肾脏功能的器官和能"工作"的心脏组织。紧接着，美国研究人员报告一例帕金森氏病（ＰＤ）患者接受神经干细胞和分化的多巴胺神经元自体移植治疗后临床症状得到改善。对这位 57 岁的患者采用立体定向方法开颅（小孔）获取干细胞，进行体外培养，并诱导其分化为能分泌多巴胺的神经元，然后通过立体定向手术将这些神经元移植回患者脑内特定的靶点。术后 6 个月，患者神经干细胞的数量扩增了几百万。

揭示生物膜的奥秘

生物是由生物细胞构成的，细胞一个个排列组合之所以被区分是因细胞间有一层隔膜。这层隔膜所隐含的秘密难以计数，正吸引着无数生物科学家的目光，成为当代生命科学领域的一个前沿研究热点。为此，中国科学研究最高层次的科研机构，北大、清华和中科院联合起来组建了生物膜和膜生物工程国家重点实验室，研究生物膜的结构、功能及其相互关系，即生物膜的作用与工作原理，而应用这些成果为人类谋福利的工作称为膜生物工程。

生物膜在生命发展过程中发挥着重要作用。如植物叶绿素的光合作用，太阳光的光电子由细胞膜承载、传递，实现细胞中的能量转换，从而调制植物的生长发育。据有关科学家介绍，生物膜是由蛋白质、脂类组成的超分子体系，极其复杂。科学家一方面从结构上研究生物膜的膜脂、膜蛋白的单一分子结构、性质等，另一方面从功能角度研究生物膜的能量转换、物质与离子运转、信号识别和转导的作用机制等内容。

正是由于对生物膜的研究，上世纪 80 年代后期，科学家发现与母体组织相连的胎儿滋养层细胞上，有一种名为 HLA－G 的分子，使胎儿免受人体自然杀伤细胞的攻击得以生存。这种分子不但有严格的组织分布，且在表达上有严格控制。除在滋养层等几种少数类型细胞外，HLA－G 在一般组织上很少出现。一些研究还发现，HLA－G 在某些肿瘤细胞上，结肠癌、绒毛膜癌、黑色素瘤、神经胶质瘤等上出现较多。因此，科学家推测，它可能是某些肿瘤逃避免疫监视的一个重要机制。

于是，科学家用转基因白鼠做实验，HLA－G 分子的表达可抑制一些细胞的增殖，影响大脑树突状细胞的分化成熟，使皮肤同种移植物、心脏移植及角膜移植等成活时间延长，表明 HLA – G 分子携带一种物质可躲避天然杀伤细胞的侵袭。目前，关于 HLA – G 无论国际国内，都在开展大量研究。可想而知，这种研究一旦突破就能为计划生育、治疗肿瘤找到新途径。

由于生物膜的一些特性和工作规律被科学家研究发现，膜生物工程随之应运而生。目前，该实验室利用通过膜生物工程生产的治疗糖尿病的新型"口服脂质体胰岛素"疗效超过传统方法制造的国内外胰岛素产品，经国家批准进入了临床实验阶段，2 ~ 3 年内即可投放市场，为患者排忧解难。

总之，生物膜上的秘密很多，有待人们去发现和了解。其中任何一项进展，都只有科学家才能完成，若研究工作能产生重大影响，该研究者就会成为一位大科学家，将名载史册。

新世纪"虚拟人"应邀闯世界

"虚拟人体"数字化微澜

近 10 年来，以美国为主导的几个具有国际影响的人体模型、人体信息数字化研究计划，引起了世界范围的广泛关注和积极参与。

其中，最引人注目的有可视人体、数字化人体、虚拟人体 3 个项目，它们统称为"数字化虚拟人体计划"。

"数字化虚拟人体计划"研究的目标，是通过人体从微观到宏观结构与机能的数字化、可视化，进而完整地描述基因、蛋白质、细胞、组织以至器官的形态与功能，最终达到人体信息的整体精确模拟。

"数字化虚拟人体计划"被认为是有史以来最雄心勃勃的研究计划，是 21 世纪科技发展新的制高点。

"虚拟人体"数字化波涛

早在 1989 年，美国国立医学图书馆即建立起采集人体横断面 CT、磁共振 MRI 与组织学数据平台，为大规模利用计算机图像重构技术建造虚拟人体作准备。这一项目称之为可视人体项目。

可视人体项目侧重于人体结构的数字化研究以及相关知识库的建立。

1991 年和 1994 年，负责该项目实施的科罗拉多大学分别选择了男、女各一个活体作为研究载体。其中男的身高 1.82 米，女的身高 1.54 米。就在他们死了以后，研究人员立即用 CT 和 MRI 作了轴向扫描：男的扫描间距为 1 毫米，共 1878 个断面；女的间距 0.33 毫米，共 5189 个断面。接着研究人员将尸体填充蓝色乳胶并裹以明胶冰冻至摄氏负 80 度，再以同样的间距对尸体作组织切片摄影。这些数据称为 VHP 数据集。

VHP 数据集的立项、实施和开发具有重大意义。它在医学史上属首创，从根本上改变了医学可视化模式，为计算机图像处理和虚拟现实进入医学领域开启了大门，使走向成熟的三维重构图像处理技术以空前的速度普及。利用这个数据集，可创立虚拟解剖学、横断面解剖学、纵剖面解剖学、斜剖面解剖学以及一系列医学临床、教学和研究的虚拟模拟，可谓信息技术和医学结合的重大创新工程。

1999 年 10 月，美国橡树岭国家实验室一批著名科学家和政府官员向美国国家科学院以及国会正式递交"虚拟人体计划"报告。国防部非致命武器委员会积极支持该项目。

"虚拟人体"主要是利用 VHP 数据进行人体机能模拟。目前这项模拟研究主要在器官层面。

"虚拟人体"研究将数据、生物物理和其他模型以及高级计算法整合成一个研究环境，然后在这种环境中观察人体对外界刺激的反应。这项研究的范围已远远超出 VHP 的解剖可视化范围。

在这项研究中，科学家将物理学（例如组织的电和力学属性）与生物学（生理和生化信息）结合并构筑一个平台，观察人体对各种外界刺激（生理、生物化学乃至心理学）的反应。"虚拟人体计划"的研究成果，将使人体健康信息的储存发生根本性改变。

2001 年 5 月，美国科学家联盟提出数字化人体项目，拟建造最完整的数字人体信息库。

"数字化人体"总框架包含 VHP 数据集和辅助数据集（MRI、CT、PET、常规放射学和解剖学）、虚拟人体的层次、疾病和综合征的临床信息基础、相关的医学学科（胚胎学、人体解剖学、显微和亚显微解剖学、生理学、生物化学），以及不断扩展的工具和产品。

美国在"数字化虚拟人体计划"中显露出野心：即将"数字化虚拟人体计划"与"人类基因组计划"研究结果结合，力图保持未来 50 年美国在生物学、医学、军事等一系列领域的领先地位。

"虚拟人体"数字化逐浪

目前，德、英、法等国也已经开始"数字化虚拟人体"研究，但侧重点不同。

英国侧重研究虚拟人模拟药物在人体中的作用机制。这样做一方面可缩短从实验室到动物到人再到临床应用的时间；另一方面还可取代人体药物初测，避免药物对人体造成的可能性损害。但该项研究囿于可视人体数据集的数据来自白种人，故许多方面不能体现亚洲人的特点。

亚洲一些国家则积极开展基于亚洲黄种人的可视人体计划。

2001 年 1 月，韩国雄心勃勃地开始了"可视化韩国人计划"。其目标是完整获取 CT、MRI 断层扫描及 0.2 毫米精度的组织切片数据。

该计划用 5 年时间，完成 4 个人体的测试。目前该国已经完成一个人体测试，其数据量为 210GB。这是世界上第二例尝试，也是东方第一例有关人种特征的人体数据采集。

日本 2001 年启动了为期 10 年的人体测量国家数据库建造计划。这项计划拟于 2010 年完成 7～90 岁 34000 人 178 个人体部位的测定，制定出日本人的人体标准数据。这项研究将在日本工业众多需要人体数据的领域产生深远影响。

目前，日本京华医科大学利用 CT 和 MRI 影像技术建造了"日本可视人"。

"虚拟中国人"搏击数字化

构造"虚拟人"的数据来源于自然人，因而"虚拟人"具有民族、区域等特征。

东方人的特点明显地与欧美人不同，而现在所用许多标准均引自欧美人数据，因而作为人口占全球总人口 1/4 的我国，建立具有中国人种特征的三维数字化人体模型，具有重要意义。

2001 年 11 月，我国科技专家在第 174 次香山科学会议上集中研讨了"中国数字化虚拟人体"课题。

2002年6月，我国科学家提议国家正式立项"数字化虚拟人体"研究项目"虚拟中国人计划"。

"虚拟中国人计划"利用来源于自然人的解剖信息和生理信息，集成虚拟的数字化人体信息资源，经计算机模拟构造出"虚拟人"，可以开展无法在自然人身上进行的一系列诊断与治疗研究。

该研究项目由中科院、清华大学、北京大学联合发起，两院院士吴阶平为第一建议人。

"虚拟中国人"研究由3部分组成：虚拟解剖人、虚拟物理人和虚拟生理人。目前，该项目前期平台软件已经搭建成功，并开始在北京一些医院的辅助诊断及手术中付诸应用。下一步，我国科学家将选择具有中国人种代表性的样本采集数据，建立人体形态与功能信息资源库，形成具有中国人种特征，同样也具有东方人种特征的完整人体标准数据"数字化虚拟人体"。

"虚拟中国人"有着广泛的应用前景：可为医学研究、教学与临床提供形象而真实的模型，为疾病诊断、新药和新医疗手段的开发提供参考。科学家们对此评价甚高，认为这是一项与我国建造原子弹和氢弹一样具有划时代意义的基础研究工作。

"虚拟中国人计划"既是一项具有战略意义的科学研究计划，又是一项规模庞大而复杂的系统工程，它涉及新世纪众多学科的前沿技术，反映国家的综合实力。

作为国家计划，我国"数字化虚拟人体"研究虽然尚未启动，但国内研究机构已对国际相关领域作了长时间跟踪，掌握了大量信息，有了相当的技术基础和技术储备。我国利用国际公开的标本和数据资源，正在进行包括人体组织器官、三维血管模型制备、图形图像处理、三维重构、大规模数据集的虚拟现实漫游，人体器官功能的模拟以及人体标准数据的统计规范。

从上世纪90年代起，我国科学计算可视化研究已经取得重大进展，医学图像达到国际水平。此外，我国超级计算机研制也进入世界先进行列。

专家认为，我国第一代"数字化虚拟人体"可与"洋人版"媲美！

迄今，医生判断病人的病变位置、程度及预后，需依靠二维平面医学影像资料及相关检查演绎成立体全息形态，才能进行有效的手术或其他治疗；需依靠静态或阶段性检验数据和复诊，决定用药剂量、时间及停药等治疗对策。而在医学科学技术或新药研制方面，医学研究者更需通过动物实验、志愿者或小样本临床验证，才能扩大到人群应用。"虚拟中国人"能让这种耗神费时、纷繁复杂的程序在"模型"上预演，从而降低风险并提高科研与医疗质量。

"数字化虚拟人体"还可广泛用于生物、航空、汽车、建筑、服装、家具、国防等领域。例如，开发人体的模拟替身，应用于车辆安全、环境暴露以及极端环境下的效果等。今后，培训宇航员也可利用"数字化虚拟人体"系统。只要输入候选宇航员的生理数据，将其置于太空环境中就能知道这名候选宇航员会产生的太空反应。

有关专家建议，"虚拟中国人计划"可联合韩国、日本等亚洲地区的研究力量，成立亚洲虚拟人体合作团体；同时与国际研究团体及机构建立合作关系，促进学术交流和研究进展。

5000 多种疑难重症可望得到根本治疗

21 世纪被众多科学家公认为"生命科学"将跨越物理世界与生命世界不可逾越的鸿沟，发展成为新一轮自然科学革命的中心。生命之谜的大解密，必定要对人类生存与发展产生直接的革命性影响。

随着多国科学家大规模基因测序行动的结束，人类遗传密码这部"生命天书"的破译将进入全新的信息提取阶段。借助数学理论、信息科学和技术科学的研究成果，通过对人类基因图谱中功能基因信息的全面解读，5000 多种遗传病以及相关的疑难重症可望在分子水平上得到早期诊断和根本治疗。人类生命质量将得到更全面的保障。

科学家指出：人类所患的病症有 25% ~ 30% 与基因有关。如人类第二大致死病因肿瘤，其发生与基因有密切关系，未来可以运用生物片等对疾病进行基因诊断，进而进行基因治疗。人类还可以通过对病原菌遗传密码的"破译"，了解各类传染病的病因，从而有效控制这些传染病的传播。比如，破译痢疾基因密码后，就知道了哪些基因导致人拉肚子，从而有针对性地采取疗法。2010 年，基因疗法已成为一种较普遍的疗法。

遏制衰老的对策

在了解衰老的原因及其发生机制后，我们就可对衰老"对症下药"。

有人曾预言人的最长寿命是 180 年。虽然我们不能确信其预言是否可靠，但至少我认为这个预言的依据是有一定可信度的。这是由于在没有病变的情况下，人体正常细胞是有固定的寿命的，即有固定的分裂次数。说得明白一点，人体在无病变的情况下，机体所进行的新陈代谢的总量或总次数是固定的，这就从本质上决定了人的最长寿命是有限的。懂得了这点，即新陈代谢总量守恒，就可在生活中具体做到以下一点来实现"延长寿命"的美好的梦寐以求的愿望。

一日三餐，不要吃得过饱，尤其是逢年过节，切忌大吃大喝；平常切忌暴饮暴食；晚上入睡后醒来即使稍觉得肚子有点饿也最好不要进食，特别是刺激性过大的食物；每餐最佳是吃到七八成饱这个程度，以维持适度的饥饿。以上种种，都是源于人的代谢总量守恒。

关于基因的"科学物语"

人与人之间 99.99% 的基因密码相同

中国医学科学院院长、医学分子生物学专家刘德培在题为《基因表达调控与功能基因组》的报告中回顾了生命科学史上的三次革命，他认为许多疾病其实是基因及其产物相互作用的结果。如果有一张分子水平遗传图，就可为疾病预测、预防、诊断、治疗与个体化医学提供科学参考。

人类基因组图谱及初步分析结果显示，人类基因总数约 3 万个，人类基因组中因基因密度高低不同，存在"热点"和大片"荒漠"，人与人之间 99.99% 的基因密码相同。

人类基因组的读出与读懂

刘德培院士进而指出，基因的读出需要三个步骤：（1）测序：测出共含 30 亿个碱基对的 DNA 片段序列。（2）拼接与组装：用生物信息学方法，通过计算机，将片段恢复到原来的链状结构。（3）标注：用科学语言读出人类基因组，找出 3 万多个基因的确切位置与作用。

基因的读懂意味着生命奥秘的破译，如能读懂，所有基因的表达调控规律将得到系统阐述。

世界对生物技术的重视

中国工程院副院长、医学病毒学专家侯云德在题为《加入 WTO 后我国生物药物产业面临的挑战与机遇》的报告中指出，"生物技术产业化工程"在"十五"计划高技术产业化规划中已列为 12 项重大项目之一，"功能基因组和生物芯片"在"十五"计划科技规划中也被列为 12 项重点科技之一。

美国参议院 2002 年 4 月 18 日通过决议，指定 4 月 21～28 日为"国家生物技术周"，以示国家对生物技术的重视，采用现代生物技术可从事医药、农业、工业和环境的研究和开发相关产品，对付生物恐怖主义；生物技术对改进人类生活质量产生了重要作用。2002 年 5 月 1 日，世界卫生组织发表了关于基因研究的报告，指出"基因研究可以大幅度地提高发展中国家的医疗保健事业"。

一头牛的乳腺每年可生产 300 公斤蛋白质

基因制药包括基因诊断、基因治疗、基因疫苗等，生物制药前景无限。侯云德院士说，可采用牛、羊等动物的乳腺生物反应器生产药物，一头牛的乳腺每年可生产 300 公斤蛋白质。转基因植物如玉米、烟草和大米等也可用来生产药物，转基因水稻和油菜可解决维生素 A 缺乏症和缺铁性贫血，功能性食品将得到开发，吃土豆就相当于口服腹泻疫苗。但是，药物的质量控制问题还难以在短期内解决。

20 世纪的三大科技计划

侯云德院士认为，20 世纪的三大科技计划"曼哈顿原子弹计划"、"阿波罗登月计划"及"人类基因组计划"中，对人类基因的探索及了解人类自身以致操纵生命，其意义比前两个计划更为深远。研究表明，人体有100万亿个细胞，每个细胞核内有23对染色体，约30亿对核苷酸，编码约3~10万个蛋白质，负责个体发育和维持生命活动。

基因治疗技术

侯云德院士列举了能通过基因治疗的疾病种类，它们是：遗传病、恶性肿瘤、艾滋病、乙型肝炎、心血管疾病、代谢性疾病等。目前，全球临床方案数达300多项，病例数超过3500人，其中美国的病例占80%；61%的病例为恶性肿瘤；24%为艾滋病DNA和基因疫苗。目前存在的问题是：治疗肿瘤的靶基因尚不很清楚，基因表达调控尚未完全解决。

基因芯片将为疾病预防提供导向图

侯云德院士介绍了计算机科学与生命科学相结合而形成的新学科——生物信息学，而生物芯片则是将成千上万个与生命活动相关的大分子样品，借鉴半导体技术，集成在一块数平方厘米的载体片上进行化学反应，并将检测数据进行分析处理的一种崭新技术。目前的生物芯片主要是D. A和蛋白质微阵列芯片。

在未来5~10年内，生物芯片将发展成在人类健康保健、医药、环保、食品、农业以及其他生命科学研究领域内的巨大产业。生物芯片可用来检测核酸的变异和多样性，分析疾病组织的基因表达及疾病易感性，其市场每年将增加50%。

胚胎干细胞工程可用来治疗多种疑难病

侯云德院士指出，克隆羊的成功，证明哺乳动物的体细胞具有发育潜能，因而有可能将受者的体细胞或脏器特异性干细胞，培养于特定的环境中，使之增殖、分化为特异性功能细胞。多能胚胎干细胞分化为神经细胞、血液和免疫细胞及肝细胞等实验已经成功。它将在医学上引起一场革命，治疗多种疑难病症。

日本东京大学生物学教授 Makoto 在国际上首次采用青蛙的胚胎干细胞培养出人工眼球。2001 年 6 月，一则报道中说，一种鱼的基因可触发干细胞分化发展成组织，形成内脏。但其产业化的路途尚不明晰。

约 6000 种遗传病与基因变异有关

随着人类基因组计划的实施，已知人与人之间核苷酸不完全相同，许多疾病的易感性、得病的严重性均与基因的变异有关，据统计，约 6000 种遗传病与基因变异有关。感染个体的病毒、微生物对药物的抗药性不同，个体对药物的敏感性也不同。

侯云德院士指出，《科学》杂志上发表的文章表明：没有任何一种已知基因是单一形式的，人类每个单一基因平均有 14 个版本可被遗传，从约四千个基因中发现有 6 万个以上的基因版本。假如人类只有 3 万个基因，那么其版本则有 50 万个。药物的安全性和副作用在很大程度上决定于其基因的版本。

1000 多种生物新药中治疗癌症的有 400 种

2001 年美国食品和药物管理局正式批准上市的生物制药为 117 种，市场资本总额为 3300 亿美元，处于临床研究阶段的药物有 1000 多种。全球约一半人已使用过生物技术产品。侯云德院士指出，近 20 年来生物制药在整个药物和生物制品中所占份额不断增加。美国食品和药物管理局近 5 年批准上市的生物技术药物已超过过去 13 年的总和。尽管美国经济不振，但生物技术公司在经济效益上处于其 25 年来最好的时期，去年上市公司增加了 13%，生物技术公司的资产增加了 330 亿美元，高于过去 5 年投资的总和；1000 多种新药中治疗癌症的有 400 种，儿童需要的新药 200 多种。

我国医药生物产品 14 年翻了 100 倍

侯云德院士认为，我国生物医药产业的总体技术水平与国外差距相对较小，1986 年我国生物技术产品的销售额仅 2 亿人民币，2000 年达 200 亿，增加了 100 倍。1999 年我国从事生物技术研究和开发的公司约为 320 家，生产厂家 80 多家。从事生物技术的科研院所和大学有 297 家，2000 年近 20 种基因工程药物和疫苗批准进行商业化生产，奠定了我国生物高技术产业的基础。约 20～30 种基因工程药物处于临床前或临床 I、II 期试验。

试管婴儿危险高？

最近出版的《新英格兰医学杂志》报道说，两项研究表明，试管婴儿出生时带有严重生理缺陷和体重不足的几率是普通婴儿的两倍。现在越来越多的不孕夫妇希望能借助再生医疗手段帮助他们怀孕并生下自己的宝宝，而科学家的这项发现无疑给这些不孕夫妇泼了一盆冷水，也引起了他们的极大关注。有人对此说法持怀疑态度，但是他们的反对理由似乎并不十分充足，因为人工授精技术往往会造成双胞胎甚至多胞胎，而这种多胞现象存在很大的风险。

从事这两项研究的科学家说，即使排除掉人工授精导致多胎现象的可能性，单胞胎试管婴儿出生时体重过轻或者带有缺陷的风险很高。因为在人工授精时需要将卵子从女性体内暂时取出，然后将其放在试管里与精子混合以使其结合，或者直接将精子注射进卵子里面，外界的因素会对精子和卵子的结合产生影响。

这两个科研小组研究的重点不同，一个重点研究试管婴儿出生时的生理缺陷，另一个小组重点研究试管婴儿出生时的体重不足。领导重点在于研究试管婴儿生理缺陷科研小组的西澳大利亚大学科学家米歇尔·汉森介绍说，"我们发现通过人工授精这种再生生殖手段怀孕的婴儿，在出生后一年内被诊断出有严重生理缺陷的几率比自然怀孕的婴儿患有严重生理缺陷的几率高两倍"。

澳大利亚研究人员对837名通过试管混合法产下的婴儿、301名通过精子注射法产下的婴儿与4000名普通婴儿进行了对比评估，并考虑到了一些妇女生育时年龄偏大、已生小孩数量、所产试管婴儿性别等因素，结果发现，试管婴儿患有先天性缺陷的比例比普通婴儿高。

而在另外一项重点在婴儿体重的研究中，研究人员对美国 1996 年到 1997 年间出生的 42463 名试管婴儿与 1997 年间出生的 430 万普通婴儿进行了对比。"试管婴儿出生时体重不足的情况是普通婴儿的 2.6 倍"，领导这项研究的亚特兰大疾病预防与控制中心医学专家劳拉·谢弗说，体重过轻的新生儿在出生后很有可能引起并发症。他补充说，"出生时体重不足的婴儿死亡率高于普通婴儿，他们会长期发育不良"。虽然试管婴儿在 1997 年前出生的 10 岁以下婴儿中只占 0.6% 的比例，但是研究人员发现，在那期间出生的有体重不足的婴儿中试管婴儿却占了 7.8%！波士顿大学公共卫生学院艾伦·米切尔博士说，如果这个新发现是准确的，那么单胞胎试管婴儿在出生时可能体重只是正常怀胎婴儿体重的 94%，而出生时不带有严重生理缺陷的双胞胎试管婴儿可能体重只有正常婴儿的 91%。

究竟什么原因会导致试管婴儿出生时有先天缺陷或者体重不足，科学家并不知道答案。澳大利亚科研小组研究人员认为，潜在的原因可能是不育症和用于进行试管婴儿实验的药物，或者诸如胚胎冷冻解冻等其他与进行人工授精的过程相关的因素，这些因素可能会导致婴儿出生时带有缺陷。

而谢弗领导的科研小组发现，将不育症夫妇的人工授精胚胎植入别的女性子宫发育后，胎儿在出生时不会出现体重不足的现象，这有可能说明试管婴儿体重不足与不育症有关，而不是与试管婴儿技术有关。这个科研小组的研究人员同时还发现，双胞胎试管婴儿出生时体重不足的比例与自然受精的双胞胎一样。

这些科学家认为，即使不是早产儿的单胞胎试管婴儿出生时也会体重不足这个事实表明，他们体重不足可能与治疗不育症的方法有着直接的关系。但这只是一种可能，导致试管婴儿体重不足的原因仍然是个谜。

米切尔博士认为，研究结果并未证明试管婴儿有先天性缺陷或者体重不足的危险与妇女的不孕症、吸毒及戒毒过程有关，但是对于那些期望通过再生医疗手段怀孕的不孕夫妇来说，也许体重上的差别没有多大关系，没必要因此而过于担心。

伟大的发现

2001 年 7 月 17 日，在上海爆出了一条令世界遗传界兴奋的消息：上海交通大学、中科院上海生命科学院贺林教授研究室定位克隆的 IHH 基因就是困扰了世界遗传界近百年，被称为世纪之谜的 A－1 型短指（趾）症的致病基因。

在我们生活的世界里，有着这样一些特殊的人群，他们的手指或脚趾的中节指（趾）骨很短，并可能与远指（趾）骨融合，俗称"短一节"，短一节手指不仅影响美观，而且会影响正常的生活与工作，大大降低了生活质量。这一奇异的现象早已在 1903 年生物学家法拉比的博士论文中提到过。之后，一些世界遗传学经典和生物教科书都把 A－1 型短指（趾）畸形症收入其中，希望有一天能够破解短指（趾）症之谜。近百年来，A－1 型短指（趾）症就如同哥德巴赫猜想一样吸引着世界顶尖级生命科学家的目光，尽管他们拥有着进行研究所必需的先进设备与实力，但是，却没有人能够破解这个谜团。而贺林教授实验室通过对居住在我国贵州与湖南交界处山区的短指（趾）症家系的调查与分析，仅用了很短的时间就搞清楚了位于 2 号染色体上的 IHH 基因就是 A－1 型短指（趾）症的致病基因，从而给这个世纪之谜画上了句号。不仅如此，他们还通过对多个家系的调查，发现了 IHH 基因不单单控制着指节的缺失，而且还与身高密切相关，从而为人类揭开身高之谜提供了重要的基因依据。这是自我国实施人类基因组计划以来，中国科学家提示人类自身奥秘的又一重大进展。

生命科学家的"圣餐"

现代科学的发展，早已使人类成为这个世界的主宰，但是，与人类探索外部世界所取得的巨大成就相比，人类对自身的了解与认识却显得是那么不尽如人意。有资料显示，全世界每天有 20%～50% 的人在经受着自身各种疾病的折磨。肿瘤，心血管疾病，糖尿病等等，如幽灵一样时刻缠绕着人类，严重威胁着人类的健康，并随时让人类为健康付出巨大的代价。此外，像人脑为什么能够思维，智力是如何产生的，这些人类自身的未解之谜也时时激发着科学家的探索热情。随着生命科学的发展，人们逐渐认识到了这些都和染色体上 DNA 分子中具有特定遗传效应的核苷酸序列有关，而这个具有特定遗传效应的核苷酸序列就是基因，是基因在控制着人类的生命演化，是基因在掌管着人类的生老病死。为彻底揭开人类生命的各种奥秘，根治困扰人类的各种顽疾，从 1990 年起，美国率先制定了一项投入 30 亿美元，耗时 15 年的旨在查清人类所有基因情况的基础性研究计划-人类基因组计划，由于这个计划是如此的宏伟庞大，以至于人们把它与阿波罗登月计划相比。但是，谁都知道，人类基因组计划对人类自身的影响将远远超过其他的两项计划。

一位生命科学家、中国科学院院士说："人类基因组计划是生命科学家长久以来梦寐以求的'圣餐'。"

这道圣餐的规模是如此庞大，人类的遗传物质是 DNA，它的总和就是基因组，基因组里有 30 亿对核苷酸序列，分布在 23 对染色体的 DNA 上，而能称作基因的核苷酸序列仅为 3 万～4 万个，这才是这道圣餐的真正美味，但是，这谈何容易，在 30 亿中要找到 3 万～4 万个目标，这无异于大海捞针，要品尝好这道圣餐不仅需要超常的耐力，更需要不凡的科学智慧与经济实力。于是，一场排查测定基因位置并解码组成基因的 4 种碱基物质，即 A、T、C、G 为排列顺序的工作紧张地开展了起来，其目的就是画出一张"圣餐"的美食藏宝图，这张图就是人类基因组的测序图谱。

日本开始"后基因组之战"

在国际人类基因组计划于今年年初基本破译了人类遗传密码之后，世界生命科学研究进入一个以蛋白质和药物基因学为重点的后基因组时代。日本与欧美国家在这一时代的技术争夺战也拉开了序幕。

日本政府和各大制药公司已把精力集中在分析基因结构与功能，研究开发新的基因疗法与药物等新医疗技术方面，决心在后基因组研究阶段竭尽全力，赶超欧美国家。日本政府早就实施了"新纪元工程"，其中把基因制药作为四大科研重点之一，其目标是在 4 年内破译人体的 3 万个基因和 15 万个单核苷酸多态性碱基对序列，以发现导致老年痴呆症、癌症、糖尿病、高血压、过敏症等疾病的基因以及与药物反应有关的基因，从而针对不同患者的具体情况制定出最佳治疗方案。

最近，日本政府又制定了"推进基因组战略"，提出要加强对基因多样性、疾病基因以及蛋白质结构与功能的研究，要加强对基因信息科学的研究开发。另外，还要加强对脑科学、再生医疗、免疫性过敏和感染症的研究，从而推动基因科学在医疗领域的应用。

日本经济产业省、文部科学省、厚生劳动省等也在本省管辖范围内积极推进有关的研究开发。最大的政府科研机构理化研究所在横滨建成了全国最大规模的基因组科学综合研究中心，并开始同企业进行多方面合作。文部科学省以风险企业为对象，实施资助政策，以促进基因疗法与药物及再生医疗等新医疗技术的发展。日本各大制药公司也不甘落后，采取"集中"与"联合"的方针，加速基因疗法与药物的研究开发。

日本制药界近年来大幅度增加了相关领域的研究开发经费。以 13 家大制药公司为例，从 1999 年开始的 3 年间，研究开发费增长率分别为 3%、15% 和 6%，本年度研究开发总额已超过 6000 亿日元（1 美元合 123.3 日元）。不少公司的研究开发费在销售额中所占比例超过了 10%，甚至高达 20%。日本制药公司集中力量，扩充和新建科研机构，选定商业化前途最明朗的目标，通过同国内外风险企业合作，或者购买技术等手段，加速基因科学的研究。宝酒造公司斥资 50 亿日元，建设了基因解析中心，并计划同蒙古合作解析黄种人的基因。

为了与规模庞大的美欧制药厂家竞争，日本医药公司在政府主管部门的组织下实现"吴越同舟"，联手加强技术攻关。例如，在经济产业省的牵头下，70 余家制药、生物及高技术公司于今年年初结成了"生物产业信息化共同体"，准备齐心协力解析蛋白质的结构与功能；另外有 43 家制药企业联合，计划解析日本人的"单核苷酸多态性基因"，为"个性化治疗"做准备；还有 22 家制药厂商组成"蛋白质结构解析共同体"，利用大型辐射光设施"SPring - 8"解析和测定受体蛋白质，以加快基因疗法与药物的研究开发。

在研究开发基因疗法与药物方面，日本已经出现了一批以大学教授为创始人的风险企业，计算机厂家利用本身的信息技术优势，积极涉足基因科学领域，促进了新的跨学科领域生物信息科学的形成与发展。日本正全力以赴，力争打赢"后基因组之战"。

科学家称发现与长寿有关的基因

意大利和芬兰科学家最近声称，他们经研究发现一种与长寿有关的基因。

这种基因已为科学家所知，但过去人们一直以为，该基因的作用只是控制在血液中运送脂肪。意大利布雷西亚流行病研究所所长弗里索尼和芬兰老年病专家卢西加的新研究发现，这种基因有 3 种变异体，分别为 E－2、E－3 和 E－4。其中，E－2 变异体在长寿中发挥着作用。

他们共研究了 185 名芬兰百岁老人，结果发现，体内含 E－4 的老人与长寿无缘，因为含该基因变异体的人血液运送脂肪的能力差，得心血管病和心肌梗塞的机会因此要多。研究发现，携带 E－2 有助于人长寿，不少百岁以上老人体内含有这种基因变异体。

据分析，E－2 之所以与长寿有关，可能是因为它有助于增强内分泌系统的作用，能使大脑和各器官之间更好地传递生理信息，使机体细胞和组织能更有效抵御疾病的袭击。

但是，弗里索尼在介绍上述研究成果时也强调说，基因虽然有相当重要的作用，但并非决定长寿的惟一因素。他认为，环境和生活习惯在长寿方面所起的作用可能达到 66%。

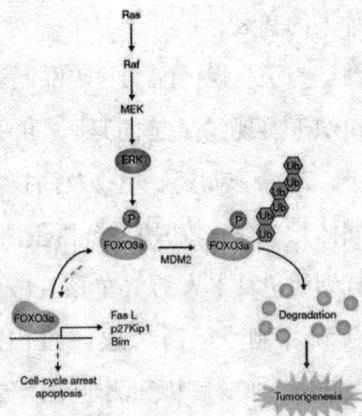

组织工程：再造生命奇迹

医学上有了一项最新的技术——组织工程来进行再造手术。与传统的手术方法相比，既省时间，又少辛苦，外形则愈加完美，可望达到乱真程度。

目前，修复缺损器官的方法一般有自体移植、异体移植和组织代用器三种。但它们各有弊端。如自体移植，要以牺牲患者自己正常器官组织为代价，这种"拆东墙补西墙"的办法不仅会增加患者痛苦，还因有的器官独一无二，而无法做移植手术；异体移植，最难解决的是增强免疫排斥反应问题，失败率极高，加之异体器官来源有限，供不应求，因而难以实施；动物器官移植，同样存在排斥反应，而且还要冒着将动物特有的一些病毒传给人类的危险，采用组织代用品如硅胶、不锈钢、金属合金等，它们致命的弱点是与人体相容性差，不能长久使用，还易引起感染。

近十年来，科学家们运用生物工程技术，利用人体残余器官的少量正常细胞进行体外繁殖，既可获得患者所需的、具有相同功能的器官，又不存在排斥反应，已取得了令人满意的成果，不少新近成立的生物技术公司正准备推出商品。再生的和在实验室培育的骨骼、软骨、血管和皮肤，以及胚胎期的胎儿神经组织都在进行人体试验。肝脏、胰脏、心脏、乳房、手指和耳朵等正在实验室里生长成形。科学家们甚至正在尝试培育能充当药物释放渠道的组织。唾液腺能分泌抗真菌蛋白质；皮肤能释放生长激素；基因工程器官能矫正患者自身的遗传缺陷，等等。

这一切预示着世界外科领域跨入了一个前所未有的崭新时代。组织工程是应用细胞生物学和工程学原理，在实验室里，将人体某部分的组织细胞进行人工培养繁殖，扩增上万倍。把这些细胞种植和吸附在一种生物材料的支架上，然后一并移植到人体内所需要的部位。值得一提的是，这种支架必须相容性好，并可以在人体内逐步降解、吸收。其实，外科手术中使用的创口缝合线就是一种生物材料。医生用这种缝线把创口缝牢，过几个月后，创口早已愈合，这类缝线也逐降解，被人体吸收和排泄了。在组织工程中，用这些材料制成的各种三维结构的细胞培养载体，即支架，可以在细胞再增殖过程中，为它们提供营养物质，进行氧和二氧化碳交换，并排泄废料，而它自身却又逐渐被人体降解、吸收和排泄，最后就形成了有特定功能和形态的新的组织和器官，从而达到修复和再造的治疗目的。

名副其实的备用人体器官将在数年内由实验室走向患者。在美国马萨诸塞大学，由查尔斯·瓦坎蒂领导的一个研究小组正在生物反应器里为两位切掉拇指的机械师培育拇指的指骨。瓦坎蒂说，他们会把其中一个拇指或者两个拇指移植给患者。与此同时，安东尼·阿塔拉博士领导的一个由波士顿儿童医院的医生组成的小组正计划把用胎儿细胞培育的膀胱植入人体。

培育人体组织的最大"市场"是用于治疗口腔疾病。用人体组织工程学方法培育的首批替代材料之一是美国阿特丽克斯公司生产的 Atrisorb，这是一种掺有生长激素和疗效药物的可吸收生物材料，它能促进牙龈组织再生。目前，科学家们已经克隆和排列出生成珐琅质的全部基因顺序，实验室培育的人体珐琅质 5 年后已出现。从事这项研究的专家宣称，如果龋洞能用原先的组织填充，那么我们再也不必用传统的方法补牙了。

可喜的是，21 世纪医学领域已出现了更加辉煌的新面貌。

骨髓移植改变了什么？

随着医学知识的普及，"骨髓移植"早已不是什么新鲜词了，很多人都知道，如果人的骨髓出现问题，失去造血功能，就可能不得不接受骨髓移植手术。但是成功接受骨髓移植后，患者的身体方面会发生什么变化，一般人恐怕都不了解。

像还是不像？

有人提出：进行骨髓移植后，两个非亲非故的陌生人的相貌越长越像。还有一种比较流行的说法认为患者的性格会发生变化。

这些问题，大都源于一些媒体的报道。

说相貌越来越像的报道举了实例。第一个例子是 1996 年中华（上海）骨髓库第一个配型成功，并捐献造血干细胞的志愿者孙伟。据报道，当年 26 岁的他与 11 岁的小患者术后一直保持联系，通信、寄照片。上海红十字会的工作人员表示："所有见过照片的人，都觉得像极了。"而另一位捐髓者周海燕也是同样的情况。文章还提到，越长越像的是两位移植时间比较长的患者，因为孙伟和周海燕的捐髓手术分别是全国的第一例和第三例。

还有报道说："一名皮肤白皙的女士成功地将骨髓捐给一名皮肤黝黑的女大学生，奇怪的是这名大学生的皮肤奇迹般地日渐白皙；脾气暴躁的一名患者在接受了骨髓移植后，渐渐地脾气如同骨髓捐献者一般温和了。在中国仅有的十几例骨髓成功移植案例中，这种奇迹不能仅仅用巧合来解释。"

这种说法有科学性吗？有的读者看到报道后认为，生活中两个非亲缘关系的人越长越像是有可能的，"夫妻脸"就是一个例子，甚至还有说法认为孩子会长得像保姆或是奶妈，而血液，似乎比共同生活、奶水哺育等因素更"可靠"。

骨髓移植，移植的是造血干细胞，干细胞在揭示生命奥秘方面的巨大潜力叫人对这些问题产生疑惑。

骨髓移植到底改变了什么？

中国医学科学院血液学研究所造血干细胞移植中心主任韩明哲博士从事血液病临床和基础研究工作已经近 20 年。

谈到骨髓移植，韩明哲博士更倾向使用的词是"造血干细胞移植"。他说，造血干细胞移植是经大剂量放化疗或其他免疫抑制预处理，清除受体体内的肿瘤细胞、异常克隆细胞，阻断发病机制，然后把自体或异体造血干细胞移植给受体，使受体重建正常造血和免疫，从而达到治疗目的的一种治疗手段。

据介绍，造血干细胞移植目前广泛应用于恶性血液病、非恶性难治性血液病、遗传性疾病和某些实体瘤治疗，并获得了较好的疗效。1990 年后这种治疗手段迅速发展，全世界 1997 年移植例数达到 4.7 万例以上，自 1995 年始，自体造血干细胞移植例数超过异基因造血干细胞移植，占总数的 60% 以上。同时移植种类逐渐增多，提高了临床疗效。

造血干细胞移植后，患者身体的确会发生一些变化。韩明哲博士告诉记者，根据现有的已经被普遍接受的研究资料，接受骨髓移植者，最常见的改变是血型，移植后患者的红细胞血型变为供者红细胞血型。比如供者是 A 型，移植后不论移植前患者血型为何型，均变为 A 型。内分泌系统也会改变：由于移植前预处理为大剂量照射和化疗，这种治疗对身体器官有很大的损伤。移植后很多器官组织短期内得到恢复，但是性激素分泌变化显著。男性患者出现精子数量减少，但其性功能（性生活）不受影响。女性患者常常出现闭经。另外，由于移植后的免疫反应，部分患者会出现口腔溃疡、皮肤色素沉着。

典型的伪科学思维？

对于骨髓移植"移植"走了相貌、性格，某科技网站发表评论说："这是典型的伪科学思维。即使所说的事例不是编造的，要在两个人之间找到某种无法定量测定的相似性有什么难的？为什么这一对是相貌相似，那一对是肤色相似，另一对又是性格相似？骨髓的影响会因人而异不成？怎么知道这种相似性就是骨髓引起的？如果统计表明大部分骨髓移植的结果是肤色都变相似了，还可以怀疑是否不是巧合。像这样因人而异的不同方面的相似性，连巧合都算不上。"

也有专家认为，报道中所谓的"像"与"不像"是缺乏科学定义的，因为相貌受遗传背景控制，涉及皮肤、骨骼、毛发等上百种细胞类型及其空间结构，是个相当复杂的多基因性状。而骨髓移植，主要为了将造血干细胞输给患者，以重建造血功能，这些都只能在血液中表达，怎么可能改变相貌呢？

韩明哲博士说，近几年，研究结果表明造血干细胞具有可塑性，可以转变为血管、肝脏、脂肪、神经、肌肉等组织细胞。因此很多研究单位、医院研究用造血干细胞治疗冠心病、神经损伤、血管闭塞性疾病。但是他认为，因为成人患者骨骼生长已经停止，所以移植患者长相不会有大的改变。另外，同胞之间本身有一定的相似。他很肯定地说，据他所知，国内的研究和治疗中还没有出现这种情况，国外的科学文献也没有报道过这样的先例。

韩明哲博士认为，接受捐赠者在性格方面的确可能会有改变，但是他强调这并非是造血干细胞移植的结果，而主要是因为患者通过一系列治疗后，对人生有另一种认识。并且移植后一段时间免疫力低下，在饮食、社交活动中需要注意避免感染，故很多患者会变得小心谨慎。

至于其他方面，如异性之间的骨髓移植是否会改变患者的性别，韩明哲博士很明确表示绝对不会。他说，骨髓移植只是替换造血系统，尽管有的器官当中存在少量的供者细胞，但其他器官没有很大的改变，尤其是性器官。人的一生很多关键的生长发育是在胎儿期间完成的，一个器官的形成需要非常复杂的发育过程。因此，单纯通过骨髓移植改变人的性别是不可能的。

不过也不是所有的专家都对此持怀疑态度，上海市血液中心专门从事白血病研究的仇志根博士在接受媒体采访时表示，也许有"越来越像"的可能，他说：传统观念认为，不同组织种类的干细胞是"世袭终身制"，不可逆转，然而在 1999 年，美国科学家首先证明人体干细胞具有"横向分化"的功能，比如造血干细胞可能转化为肌肉细胞、神经细胞、成骨细胞等等，反之亦然。这一里程碑式的发现立即轰动世界，两年后，《科学》杂志评出"21 世纪最重要的科学领域"，干细胞列十项之首。美国科学家曾将黑鼠的骨髓移植给白鼠，白鼠长出了黑毛发；英国科学家将骨髓植入心脏病人的心脏，结果骨髓干细胞分化构建成小的毛细血管，改善了心脏功能。在他看来，相貌的"移植"恐怕不仅仅是猜测或者空想。

讨论还将继续。也有专家表示，关于国内的骨髓移植，可能这些话题都还不应该是"主角"，尽快解决国内骨髓库捐献者资料稀缺的问题才是目前最迫切的事情。

用化学方法研究生命过程

在生命科学的研究过程中，多学科的融合大大推动了科学的发展，使新的研究领域不断出现。今天，化学家在分子的层面上用化学的思路和方法研究生命现象和生命过程，为生命科学的研究创造了新的技术和理论，从而形成了一个新兴的学科——化学生物学。这是化学家们近日在北京举行的第二届全国生物化学学术会议上讲述的。本次会议学术委员会主席、国家自然科学基金委员会化学部主任张礼和院士说，从会议论文的内容看，这次会议实际上是在化学生物学领域内第一次的跨学科的学术讨论会。他相信化学生物学是一片充满机遇的科学研究处女地。

作为近年来涌现的新学科，化学生物学（Chemical Biology）融合了化学、生物学、物理学、信息科学等多个相关学科的理论、技术和研究方法，跳出了传统的思路和方法，从更深的层面去研究生命过程。虽然目前还没有一个公认的化学生物学的定义和研究范围，但从分子的基础去研究和了解大分子之间、化学小分子与生物大分子之间的相互作用，以及这些作用对生命体系的调节、控制都是很多研究的共同点。上世纪 70 年代化学家就曾用化学的方法去研究生命体系中的一些化学反应如细胞过程等，从而发展出生物有机化学、生物无机化学、生物分析等一些以生命体系为研究对象的化学分支学科。到了 90 年代，以基因重组技术为基础的分子生物学、结构生物学的发展，人类基因组计划框架图谱的完成、功能基因学的实施，对化学产生了很大的影响，化学生物学、化学基因组学相继出现。化学家们相信如果人类有 3.5 万个基因相互作用控制了生命过程，那么一定会发现至少 3.5 万个可控制这些基因的化学小分子，也会带来至少 3.5 万个诸如这些小分子如何调节基因的化学问题。

张礼和说，化学融合到生物学的研究领域为生物学带来了快速的发展。Watson-CrickDNA 双螺旋结构的确定，以及 Khorona 对寡核苷酸合成的贡献都直接推动了近代生物学的发展，他们的成就被载入史册。

随着科学的发展，学科的交叉和融合越来越受到重视。1986 年 Tom Kaiser/ Ron Breslow Koji Nakaishi 组织了第一届国际生物有机化学学术讨论会。2001 年 IUPAC 将下属第三分部改为有机和生物分子化学，突出了对生物分子的化学研究。我国北京大学唐有祺院士和中国科学院上海有机所的惠永正教授在 80 年代初提出要研究"生命过程中的化学问题"，并组织了"攀登计划"研究，之后中国科学院化学研究所、北京大学等研究所和高校也成立了化学生物研究中心或化学生物学系，化学生物学开始成为 21 世纪一个重要的化学研究领域。

北京大学药学院王夔院士在本次会议上作题为《生物无机化学研究中的几个基本问题》的报告。他说生命科学中的基本问题主要是复杂性问题。对于生物体系的化学结构、体系内和体系间发生的各种变化都含有无机离子和分子的作用。但对这些问题的认识大多数来自生物学家，对于其中无机物的作用却知之甚少，这为无机化学研究提出了若干基础问题。他相信用无机化学的理论、思路去研究这些问题是一个广泛而重要的领域。他认为从世界范围内来说，我国无机化学在生物学的研究中比较注重于应用，比如研究无机金属离子在疾病过程中的作用，这方面的研究在世界上已占有一席之地，困难是无机化学在生物科学的研究中还不太为人注意。

美国加州大学伯克利分校的细胞和分子药理学系的副教授 Kevan M. Shokat、德国 Munchen 大学的 Christohp Brauchle 等作了大会报告。他们在基因调制、蛋白磷脂化、单个生物分子检测以及糖生物学等领域作出了开创性的工作。

张礼和指出，化学生物学的研究有两方面的意义，第一可促进功能基因的研究，第二为发展新药提供厚实的学术基础。我国化学生物学的研究才刚刚起步，从事化学生物学研究的优势是我们有许多天然的研究资源，有许多不同的化学小分子，是国际上小分子最主要的来源。面临的困难是研究经费比较短缺，国内这一学科与生物学的交叉还比较差，不太融合，主要是专业间还存在隔阂，真正做到学科间的交叉还需要时间的磨合；要积极促进化学与生物学、信息科学等的交叉和融合，同时还需要做更多的工作来介绍、宣传化学生物学、生命科学、药理学等学科研究的重要性。

人的第二个 "大脑"

在生命体的活动中，除大脑外，脊髓的作用也极其重要。如果把大脑比喻成生命指挥中心，那么脊髓便是大脑与四肢唯一的信息交换通道。但是，通常并不能把脊髓称作人的第二大脑。那么，人体内真有第二个大脑吗？对这一听起来似乎是不可思议的问题，科学家得出的结论却出乎许多人意料——答案是肯定的。

哥伦比亚大学的迈克·格尔松教授经研究确定，在人体胃肠道组织的褶皱中有一个 "组织机构"，即神经细胞综合体。在专门的物质——神经传感器的帮助下，该综合体能独立于大脑工作并进行信号交换，它甚至能像大脑一样参加学习等智力活动。迈克·格尔松教授由此创立了神经胃肠病学学科。

同大脑一样，为第二大脑提供营养的是神经胶质细胞。第二大脑还拥有属于自己的负责免疫、保卫的细胞。另外，像血清素、谷氨酸盐、神经肽蛋白等神经传感器的存在也加大了它与大脑间的这种相似性。

人体内这个所谓的第二大脑有自己有趣的起源。古老的腔体生物拥有早期神经系统，这个系统使生物在进化演变过程中变为功能繁复的大脑，而早期神经系统的残余部分则转变成控制内部器官如消化器官的活动中心，这一转变在胚胎发育过程中可以观察到。在胚胎神经系统形成最早阶段，细胞凝聚物首先分裂，一部分形成中央神经系统，另一部分在胚胎体内游动，直到落入胃肠道系统中，在这里转变为独立的神经系统，后来随着胚胎发育，在专门的神经纤维——迷走神经作用下该系统才与中央神经系统建立联系。

不久以前，人们还以为肠道只不过是带有基本条件反射的肌肉管状体，任何人都没注意到它的细胞结构、数量及其活动。但近年来，科学家惊奇地发现，胃肠道细胞的数量约有上亿个，迷走神经根本无法保证这种复杂的系统同大脑间的密切联系。那么胃肠系统是怎么工作的呢？科学家通过研究发现，胃肠系统之所以能独立地工作，原因就在于它有自己的司令部——人体第二大脑。第二大脑的主要机能是监控胃部活动及消化过程，观察食物特点、调节消化速度、加快或者放慢消化液分泌。十分有意思的是，像大脑一样，人体第二大脑也需要休息、沉浸于梦境。第二大脑在做梦时肠道会出现一些波动现象，如肌肉收缩。在精神紧张情况下，第二大脑会像大脑一样分泌出专门的荷尔蒙，其中有过量的血清素。人能体验到那种状态，即有时有一种"猫抓心"的感觉，在特别严重的情况下，如惊吓、胃部遭到刺激则会出现腹泻。所谓"吓得屁滚尿流"即指这种情况，俄罗斯人称之为"熊病"。

医学界曾有这样的术语，即神经胃，主要指胃对胃灼热、气管痉挛这样强烈刺激所产生的反应。倘若有进一步的不良刺激因素作用，那么胃将根据大脑指令分泌出会引起胃炎、胃溃疡的物质。相反，第二大脑的活动也会影响大脑的活动。比如，将消化不良的信号回送到大脑，从而引起恶心、头痛或者其他不舒服的感觉。人体有时对一些物质过敏就是第二大脑作用于大脑的结果。

科学家虽然已发现了第二大脑在生命活动中的作用，但目前还有许多现象等待进一步研究。科学家还没有弄清第二大脑在人的思维过程中到底发挥什么样的作用，以及低级动物体内是否也应存在第二大脑等问题。人们相信，总有一天，科学会让每个人真正认知生命。

为此，科学家发出呼吁："爱护肠胃！爱护自己的第二大脑！"

谁为细胞办丧事

谈到死亡，一般人想到的都是凄凉或者悲伤的场面，但对于美国纽约冷泉港实验室（全世界最著名的细胞分子生物学实验室之一）的迈克尔·加德纳教授来说，死亡却是一个异常繁忙的场面。这是他从自己的工作中得到的体验——他专门研究动物的机体是如何处置体内死亡的细胞的。

动物体内每时每刻都有大量细胞死亡。机体对这些死亡细胞的正确处置是一项非常重要的生理功能。如果机体不能及时将体内的死亡细胞处置掉，后者便会在体内引发一系列对机体有害的病理反应。比如，人的胚胎发育的初期，双手和双脚的指（趾）头之间会有一种类似于鸭子脚上的蹼一样的结构，但随着胚胎的发育，构成这种结构的细胞会逐渐死亡，并被机体清除掉。到胎儿出生时，这种蹼样结构会完全消失。但如果胎儿的这种机制发生了异常，那么孕妇生下来的就是个畸形儿。

在大多数情况下，机体都是依靠体内一种名为"巨噬细胞"的细胞来吞噬和处理体内的死亡细胞的。现在，让加德纳等科学家感兴趣的是，巨噬细胞是如何知道一个细胞是否已经发生了死亡，进而对其发挥吞噬作用的呢？因为如果不能精确地做到这一点，那么巨噬细胞很有可能对健康的细胞也发动攻击，继而造成机体损伤。

经过近10年的研究，科学家已经初步探明，是巨噬细胞表面的某些分子在发挥着识别死亡细胞的功能。此外，死亡细胞表面也表达某种分子，这种分子被认为是死亡细胞向巨噬细胞发出的信号，告诉巨噬细胞可以来吞噬自己了，所以有人称其为"诱吞分子"。

科学家发现，在某些死亡细胞的表面存在一种名为"磷脂酰丝氨酸"

（PG）的诱吞分子，而在巨噬细胞的表面则有一种可以和 PG 分子相结合的蛋白质分子。通过这两种分子，巨噬细胞就可以正确地识别死亡细胞，并对其发挥吞噬作用。

那么健康细胞之所以不被巨噬细胞所吞噬，是不是因为它们的细胞膜表面没有 PG 分子呢？科学家的研究显示，PG 同样存在于健康细胞，只不过在健康细胞，这种分子只存在于细胞膜的内表面，平时巨噬细胞没有机会接触到这些分子。但当细胞死亡时，死亡细胞内部一种特殊的蛋白质就会将 PG 分子迅速转运到细胞膜的外表面，以供巨噬细胞识别。

除了 PG 分子，健康细胞还借助其他机制来确保自身安全。比如，巨噬细胞与白细胞在血管里一起流动的时候，会主动捕捉白细胞。但很快地，巨噬细胞又会将那些健康的白细胞释放开，而那些确实已经死亡的白细胞则会被巨噬细胞毫不留情地吞噬掉。科学家发现，在与巨噬细胞结合的过程中，白细胞会通过一种名为 CD31 的分子"告诉"巨噬细胞："我还没有死"。

D. A 可在土壤中保存 40 万年

英国牛津大学的科学家最近对在西伯利亚和新西兰采集的土壤标本进行研究时发现，脱氧核糖核酸（D. A）可以在土壤中保存 40 万年。

该大学的阿兰·库珀教授称，研究人员对土壤样本中发现的古代猛犸和恐鸟的 D. A 进行分析后证实，D. A 自然保存的时间远比人们想象的要长，这为史前研究和转基因研究开辟了新的领域。

库珀曾带领的研究小组在新西兰南岛纳尔逊西北部的干燥洞穴里收集土样。他说，一铲土里可能有数百个物种的 D. A，其中一些属于早已灭绝的动物。令人惊讶的是，这些 D. A 竟没有被土壤中的细菌和病毒吞食，而是保存了下来。到目前为止，科学家对早期生物的研究主要还是依赖保留在岩石和土壤中的化石。

库珀率领的研究小组成功地绘制出了两种恐鸟的线粒体基因图谱，这是人类首次绘出一种已经灭绝的动物的线粒体完整基因组图谱。

恐鸟是已知鸟类中体型最大的，生活在新西兰，约于 1800 年前灭绝。目前，科学家正在试图搞清恐鸟的种类，以证实这种动物的祖先在 8000 万年前的生活领域。

中医学的生命科学观

中医学的健康观。中医学在 2000 年前就有这样的论断：人是有形体、有情智、有精神的。什么是健康？就是精神，神和行全面的统一，是躯体、精神上和社会生活诸方面完满适应的一种状态，而不仅仅是没有疾病和虚弱。健康要怎样去维护呢？中医强调防病保健，强调的是心理调试，当代社会竞争非常激烈，强调适当地注意心理调试是很必要的；维持一个健康的身心，中医有天然相关的，顺应天地的思想，所以强调遵循规律。

中医学的疾病观，是一脉相承的，疾病是怎么得的呢，怎么预防？第一，中医学认为正气和致病邪气相互作用的结果决定你是发病还是健康，内因是变化的根据。正气存内，邪不可干。邪之所凑，其气必虚。第二，中医强调望、闻、问、切，它坚信人体内部的紊乱和变化，一定会通过皮表、神智等表达出来的，这就是中医诊断和治疗的一种依据。第三，致病因素多样性，情绪变化会损伤身体。

中医的治疗原则，是以预防为主，把人的躯体和精神活动看成是一个整体，把人的体表内脏、四肢，各个部分看成一个整体，认为某一个局部的病变必然要影响到他整体的生命活动。除了对个体的整体观以外，还有人和环境的适应性。中医学强调心身兼治，人有五脏化五气，情绪状态，机能活动是直接相关的。另外，中医对疾病和健康评价的过程中强调的是综合评价，动态把握。

维护了中国人健康几千年的观念体系和治疗手段的中医学，有能力在生命科学飞跃发展的今天，为社会公众的身心健康作出全新的贡献。

美科学家解释婴儿说话原因

美国威斯康星大学麦迪逊乡移的科学家们日前公布了一项研究结果，认为婴儿在初临人世的时候拥有一种叫做"完美音调"的对声音的辨别能力，并且该能力有助于婴儿在后天形成学习说话的本领。

科研人员在有关实验中，分别给成年人和 8 个月大的婴儿播放长段的音乐。结果发现，如果在实验中稍微改变相关音符的顺序，成年人通常不会察觉，但婴儿却能够发现个中的区别，较为准确的辨别出两个序列不同的乐段。科研人员珍妮·扎弗兰教授介绍说，当她和同事们在实验中把一节乐曲重复播放几遍之后，再给婴儿播放音符序列稍有变化的乐曲，婴儿就能识别出两者的不同，表现出对新乐曲的全神贯注的神情。

现有的大量研究认为，如果婴儿对长时间听到的相同音符会感到厌倦，其注意力也就不再集中。科研小组将这种现象称为"婴儿的标准冲动"，即对新鲜的乐曲或者其他东西的变化会产生浓厚的兴趣，而对已经熟悉的乐曲或者是一些事物，就不太感兴趣。这位心理学家认为，正是婴儿具有完美音调（或者叫绝对音调），也就是识别音符的能力，帮助了他们在后天学会说话。

但是科学家进一步研究发现，伴随着婴儿们逐渐长大成人的过程，在一旦他们学习说话的过程完成之后，大多数人就消失了这种"完美音调"的辨音能力，除非他们刻意学习一种乐器，或者学习语调表意很强的语言来刻意培养这种能力。科学家据此推断，"完美音调"的辨音能力有助于婴儿学习说话。而成人由于在日常生活中并不需要这种精雕细琢的听觉能力，所以就逐渐丧失了这种能力。